火灾防护产品强制性认证指南

国家防火建筑材料质量监督检验中心　编

西南交通大学出版社
·成　都·

图书在版编目（ＣＩＰ）数据

火灾防护产品强制性认证指南 / 国家防火建筑材料
质量监督检验中心编. —成都：西南交通大学出版社，
2015.1

ISBN 978-7-5643-3653-0

Ⅰ. ①火… Ⅱ. ①国… Ⅲ. ①消防设备 - 安全认证 -
指南　Ⅳ. ①TU998.13-62

中国版本图书馆 CIP 数据核字（2014）第 306910 号

火灾防护产品强制性认证指南

国家防火建筑材料质量监督检验中心　编

*

责任编辑　万　方
特邀编辑　张宝珠　徐前卫
封面设计　墨创文化

西南交通大学出版社出版发行

四川省成都市金牛区交大路 146 号　邮政编码：610031
发行部电话：028-87600564
http://www.xnjdcbs.com

成都中铁二局永经堂印务有限责任公司印刷

*

成品尺寸：185 mm × 260 mm　　印张：13　插页：9
字数：350 千字
2015 年 1 月第 1 版　　2015 年 1 月第 1 次印刷
ISBN 978-7-5643-3653-0
定价：68.00 元

国家防火建筑材料质量监督检验中心（NFTC）简介

国家防火建筑材料质量监督检验中心（以下简称质检中心）是经原国家标准局和公安部批准建立，于1987年经原国家标准局正式验收并授权成为全国首批具有第三方公正性地位的、法定的国家级产品质量监督检验机构。质检中心行政上受公安部消防局领导，业务上受国家认监委和公安部消防局指导。

质检中心成立二十多年来，特别注重实验室建设、人才培养和质量管理体系运行的持续有效。按照中国合格评定国家认可委员会《检测和校准实验室能力认可准则》和国家认监委《国家产品质检中心授权管理办法》的要求建立质量管理体系，并通过了国家认监委和中国合格评定国家认可委员会每三年一次的实验室认可、资质认定和计量认证的"三合一"复评审、监督评审和扩项评审及国家认监委的专项监督。2003年通过了中国船级社"验证试验机构"评审、认证，被授权成为船用阻燃材料和船用耐火构件等产品质量验证检验机构。除此之外，从2012年起质检中心还作为国家认监委消防产品强制认证指定实验室，承担了火灾防护消防产品强制认证检验，每年还顺利通过了国家认监委对强制认证指定实验室的监督检查，满足国家认监委对强制性火灾防护消防产品强制认证检验指定实验室的要求。

为了忠实地完成国家和社会赋予质检中心的消防产品质量检验重任，质检中心确立了"科学检验、公正评价、优质高效、求实创新"的十六字质量方针。目前，中心

的组织机构为一科一部五室，即技术管理科、技术发展部、办公室、工厂检查室、防火建材检验室、耐火建筑构（配）件检验室、阻燃电缆与防火涂料检验室，拥有建筑场馆面积达25000多平方米，仪器设备200多台套，包括80多台套大型检验设备，固定资产达9000余万元。

通过多年的建设和发展，目前质检中心已被国家认监委授权承担防火建筑材料及涂料、耐火建筑构（配）件、阻燃及耐火电缆、消防器材及固定灭火系统等四大类86种产品的国家监督抽查、地方监督抽查、型式检验、仲裁检验、认证认可检验和委托检验等工作。

除检验任务外，质检中心还承担或参与80余项标准的国家标准和行业标准的制修定及检测技术的研究工作。中心的相关业务可以查询中国防火建材网（www.fire-testing.net）。

为了更好地服务客户，质检中心会同全国消防标准化技术委员会防火材料分技术委员会积极开展对消防监督部门和生产企业的标准宣贯工作。除此之外质检中心还开展了产品质量跟踪检验、燃烧性能等级标识、公共场所阻燃制品标识等服务工作。

目前质检中心已先后派出近200余批次的技术和管理人员远赴美国、加拿大、德国、瑞士、英国、瑞典、日本、意大利、比利时、澳大利亚、韩国、马来西亚等国家进修学习、参加国际会议、考察抽样等，并与国外知名的检验机构，如UL（USA）、FM（USA）、WORRINGTON（UK）、KFI（KOREA）、JTCCM（JAPAN）等，建立了长期的合作和信息交流渠道。

前　言

2014 年 2 月 8 日，国家质检总局、公安部和国家认监委联合发布的《关于部分消防产品实施强制性产品认证的公告》（〔2014〕第 12 号）规定：自 2015 年 9 月 1 日起，火灾防护产品作为强制性产品认证目录内的消防产品，未获得强制性产品认证证书和未标注强制性产品认证标志的，不得出厂、销售、进口或者在其他经营活动中使用；自 2014 年 9 月 1 日起，委托人可以向指定认证机构提出认证产品的认证委托。

2014 年 6 月 3 日，国家认监委发布了《国家认监委关于发布消防产品强制性认证实施规则的公告》（〔2014〕第 15 号），该强制性产品认证实施规则自 2014 年 9 月 1 日起实施。

2014 年 8 月 28 日，国家认监委发布了《国家认监委关于更新发布强制性产品认证指定认证机构和实验室汇总名录及业务范围的公告》（〔2014〕第 26 号），该公告公布了公安部消防产品合格评定中心为火灾防护消防产品指定认证机构，国家防火建筑材料质量监督检验中心为火灾防护消防产品强制性认证指定实验室。

2014 年 8 月 29 日，公安部消防产品合格评定中心发布了公消评〔2014〕56 号公告，该公告公布了《消防产品强制性认证实施细则》，其中火灾防护产品共有三份实施细则，即防火材料产品强制性认证实施细则、建筑耐火构件产品强制性认证实施细则和消防防烟排烟设备产品强制性认证实施细则。

为了推进火灾防护产品生产企业掌握火灾防护产品强制性认证规则和认证的相关要求，国家防火建筑材料质量监督检验中心精心组织，成立编写组编写了《火灾防护产品强制性认证指南》一书。

本书内容包括火灾防护产品相关标准解析、火灾防护产品强制性认证流程解析、典型产品介绍和火灾防护产品强制性认证实施规则等，其中火灾防护产品强制性认证流程包括认证委托、工厂检查、型式试验、认证评价与决定和获证后的监督等环节。本书对认证的各个流程均进行了详细解析，其中第三章（火灾防护产品强制性认证委托解析）对整个强制性认证的流程进行了全面介绍，并重点介绍了认证委托；第四章（工厂检查要求解析）和第五章（消防产品一致性检查要求）对应了工厂检查；第六章（使用领域抽样检查要求）对应了获证后的监督。

本书的编写得到了相关消防专家、学者、产品认证专业人员的指导，在此表示真诚的谢意！

虽然力求完美，但由于时间仓促，所以本书存在疏漏在所难免，敬请广大读者批评指正。

目　录

第一章

国家防火建筑材料质量监督检验中心业务介绍

第一节 检验流程

一、中心已授权承担的检验业务

1. 防火建筑材料及涂料类

（1）防火建筑材料类主要包括各类防火建筑材料及制品、阻燃织物（地毯、窗帘、幕布等）、铺地材料、墙体材料、公共场所阻燃制品及组件、防火家具及组件等建筑外墙外保温材料及系统、隧道防火保护板、耐火纸面石膏板、防火刨花板、阻燃剂、不燃无机复合板、电气安装用阻燃 PVC 套管、防火膨胀密封件（材料及制品）、玻镁风管等。

（2）防火建筑涂料类主要包括钢结构防火涂料、隧道防火涂料、防火堤防火涂料、饰面型防火涂料、电缆防火涂料等。

2. 耐火建筑构（配）件类

耐火建筑物（配）件类主要包括防火封堵材料、防火窗、防火门、防火玻璃、防火卷帘、防火排烟阀门、消防排烟风机、挡烟垂壁、防火隔墙、阻火圈、消防排烟风机、耐火电缆槽盒及母线槽、通风管道、防火玻璃非承重隔墙、梁、柱、吊顶、镶玻璃构件、挡烟垂壁、防火门闭门器、排油烟气防火止回阀、住宅厨房和卫生间排气道等。

3. 阻燃及耐火电缆类

阻燃及耐火电缆类主要包括阻燃电缆、耐火电缆、阻燃（耐火）电缆、矿物绝缘电缆、电缆用阻燃包带等。

4. 消防器材类

消防器材类主要包括消火栓箱、消防接口、消防水枪、消防水带、室内外消火栓、消防水泵接合器、消防泵、消防应急灯具、分水器和集水器、灭火器、灭火剂、防火卷帘用卷门机等，喷水灭火产品、干粉灭火设备产品、气体灭火设备产品、消防给水设备产品、消防应急照明和疏散指示产品、消防安全标志等。

5. 船用产品类

船用产品类主要包括船用纺织品、船用舱壁、船用天花板、船用电线电缆、船用甲板饰面材料、船用软家具及床上用品、船用构（配）件等。

各检验室承检的产品详见表1-1～表1-3。

表1-1 防火建材室承检产品

序号	产品类别	检验依据标准	检验项目	样品数量
1	平板状建筑材料及制品	GB 8624—2012《建筑材料及制品燃烧性能分级》	匀质材料燃烧性能A（A1级）	300 mm×300 mm×厚度，4块；如果硬度较大，试件应加工成Φ43 mm×50 mm，7组，同时提供300 mm×300 mm的整板1块
2			非匀质材料燃烧性能A（A1级）	成品：300 mm×300 mm×厚度，整板2块；主要组分：300 mm×300 mm，4块（或Φ43 mm×50 mm，7组）；次要组分：50 g；表面有有机涂层的样品可预先寄SBI样品
3			匀质材料燃烧性能A（A2级）	450 mm×450 mm×厚度，4块；1 500 mm×1 000 mm×厚度，5块；1 500 mm×500 mm×厚度，5块
4			非匀质材料燃烧性能A（A2级）	成品：1 500 mm×1 000 mm×厚度，5块；1 500 mm×500 mm×厚度，5块；主要组分：450 mm×450 mm×厚度，4块；每个次要组分：50g（或200 mm×200 mm，1块）
5			燃烧性能B$_1$（B级）	250 mm×90 mm×厚度，16块；1 500 mm×1 000 mm×厚度，5块；1 500 mm×500 mm×厚度，5块；600 mm×600 mm×厚度，1块
6			燃烧性能B$_1$（C级）	250 mm×90 mm×厚度，16块；1 500 mm×1 000 mm×厚度，5块；1 500 mm×500 mm×厚度，5块；600 mm×600 mm×厚度，1块

序号	产品类别	检验依据标准	检验项目	样品数量
7	平板状建筑材料及制品	GB 8624—2012《建筑材料及制品燃烧性能分级》	燃烧性能 B₂（D 级）	250 mm×90 mm×厚度，16 块；1 500 mm×1 000 mm×厚度，5 块；1 500 mm×500 mm×厚度，5 块
8			燃烧性能 B₂（E 级）	250 mm×90 mm×厚度，16 块；600 mm×600 mm×厚度，1 块
9	铺地材料	GB 8624—2012《建筑材料及制品燃烧性能分级》	匀质材料燃烧性能 A（A1）	300 mm×300 mm×厚度，4 块；如果硬度较大，试件应加工成 φ43 mm×50 mm，7 组，同时提供 100 mm×100 mm 的整板 1 块
			非匀质材料燃烧性能 A（A1）	成品：300 mm×300 mm×厚度，整板 2 块；主要组分：300 mm×300 mm，4 块（或 φ43 mm×50 mm，7 组）；次要组分：50 g
10			匀质材料燃烧性能 A（A2 级）	450 mm×450 mm×厚度，4 块；1 050 mm×250 mm×厚度，5 块
11			非匀质材料燃烧性能 A（A2 级）	成品：1 050 mm×250 mm×厚度，6 块；主要组分 450 mm×450 mm×厚度，4 块；次要组分：50 g（或 200 mm×200 mm，1 块）
12			燃烧性能 B₁（B 级）	1 050 mm×250 mm×厚度，8 块（经、纬向各 4 块）；尺寸不足时可送 2 m² 的样品
13			燃烧性能 B₁（C 级）	
14			燃烧性能 B₂（D 级）	
15			燃烧性能 B₂（E 级）	1 050 mm×250 mm×厚度，8 块（经纬向各 4 块）；尺寸不足时可送 2 m² 的样品
16	管状绝热材料	GB 8624—2012《建筑材料及制品燃烧性能分级》	燃烧性能（A2～D 级）	内径为 22 mm，壁厚为 25～75 mm，管长 1.5 m，排列成 1.0 m 和 0.5 m 的宽度各 6 组
17			燃烧性能（E 级）	1 m×3 根
18	窗帘幕布、家具制品装饰用织物	GB 8624—2012《建筑材料及制品燃烧性能分级》	B1 级	3 m²
19			B2 级	2 m²

序号	产品类别	检验依据标准	检验项目	样品数量
20	电线电缆套管		B1 级	1 m×5 根
21			B2 级	1 m×3 根
22	电器设备外壳及附件		B1 级	400 mm×400 mm×厚度，2 块
23			B2 级	400 mm×400 mm×厚度，2 块
24	电器、家具制品用泡沫塑料	GB 8624—2012《建筑材料及制品燃烧性能分级》	B1 级	400 mm×400 mm×厚度，4 块
25			B2 级	400 mm×400 mm×厚度，4 块
26	软质、硬质家具		B1 级	3 个
27			B2 级	3 个
28	软质床垫		B1 级	2 个
29			B2 级	2 个
30	阻燃建筑制品	GB 20286—2006《公共场所阻燃制品及组件燃烧性能要求和标识》	燃烧性能（A2，B，C，D 级）	样品尺寸参见 GB 8624—2012 中对应的级别
19	织物		阻燃 1 级	3 m²
			阻燃 2 级	2 m²
20	塑料/橡胶		阻燃 1 级	400 mm×400 mm×厚度，4 块
			阻燃 2 级	400 mm×400 mm×厚度，4 块
21	泡沫塑料		阻燃 1 级	400 mm×400 mm×厚度，4 块
			阻燃 2 级	400 mm×400 mm×厚度，4 块
22	家具/组件	GB 20286—2006《公共场所阻燃制品及组件燃烧性能要求和标识》	阻燃 1 级	3 个
			阻燃 2 级	3 个
23	阻燃电缆		阻燃 1 级	$N=1000V/(S-S_m)$
			阻燃 2 级	式中：S 为电缆截面积；Sm 为导体截面积；V 取 7.0L/m（A 类）、3.5L/m（B 类）、1.5L/m（C 类）。总数量 = n×3.5 m+2 m
24	水基型阻燃处理剂（木材）	GA 159—2011《水基型阻燃处理剂》	全项性能	液体样品：450 kg。固体样品：按配比可制成至少 450kg 的液体
25	水基型阻燃处理剂（织物）		全项性能	液体样品：10 kg 包装 2 桶。固体样品：按配比可制成至少 20kg 的液体

序号	产品类别	检验依据标准	检验项目	样品数量
26	不燃无机复合板	GB 25970—2010 《不燃无机复合板》	全项性能	600 mm×600 mm×厚度，8 块
27	玻镁风管	JC/T 646—2006 《玻镁风管》	全项性能	管材：整管带法兰，1 m 长一节，管口尺寸一边不低于 400 mm；板材：600 mm×600 mm×厚度，6 块（厚度与管壁厚度一致）；整体保温和复合保温型风管加送：1 000 mm×190 mm×厚度，17 块 500 mm×500 mm×厚度，3 块
28	电气安装用阻燃 PVC 塑料平导管	GA 305—2001 《电气安装用阻燃 PVC 塑料平导管》	全项性能	1.5 m×20 根
29	建筑材料	GB/T 20285—2006 《材料产烟毒性危险分级》	烟气毒性	600 mm×200 mm×厚度，3 块
30		GB/T 5464—2010 《建筑材料不燃性试验方法》 ISO 1182: 2010 Reaction to fire tests for products - Non-combustibility test	不燃性	300 mm×300 mm×厚度，4 块；如果硬度较大，试件应加工成 Φ43 mm×50 mm，7 组，同时提供 100 mm×100 mm 的整板 1 块
31		GB/T 8625—2005 《建筑材料难燃性试验方法》	难燃性	1 000 mm×190 mm×厚度，17 块（厚度不大于 80 mm）
32	建筑材料	GB/T 8626—2007 《建筑材料可燃性试验方法》 ISO 11925-2: 2010 Reaction to fire tests - Ignitability of products subjected to direct impingement of flame (Part 2: Single-flame source test)	可燃性	250 mm×90 mm×厚度，12 块
33		GB/T 8627—2007 《建筑材料燃烧或分解的烟密度试验方法》 ASTM D 2843	烟密度	100 mm×100 mm×厚度，3 块

序号	产品类别	检验依据标准	检验项目	样品数量
34	建筑材料	GB/T 14402—2007 《建筑材料燃烧热值试验方法》 ISO1716：2010 Reaction to fire tests for building Products- Determination of the heat of combustion	燃烧热值	500 mm×500 mm×厚度，3 块
35		GB/T 14403—93 《建筑材料燃烧释放热量试验方法》	燃烧释放热量	500 mm×500 mm×厚度，5 块
36		GB/T 16172—2007 《建筑材料热释放速率试验方法》 ISO 5660	热释放速率	100 mm×100 mm×厚度，6 块
37	建筑材料	GB/T 10295—2008 《绝热材料稳态热阻及有关特性的测定热流计法》	导热系数	300 mm×300 mm×厚度，2 块，厚度在 5~80 mm 之间，表面必须处理平整（无凹凸或毛刺），厚度必须一致
38	塑料	GB/T 2406.1—2009 《塑料 用氧指数法测定燃烧行为 第 1 部分：导则》 GB/T 2406.2—2008 《塑料 用氧指数法测定燃烧行为（第 2 部分：室温试验）》 ISO 4589-2：1996 Plastics-Determination of burning behaviour by oxygen index（Part 2）	氧指数	200 mm×200 mm×厚度，4 块
39		GB/T 2408—2008 《塑料燃烧性能的测定 水平法和垂直法》 IEC 60695-11-10：1999	水平、垂直燃烧性能	300 mm×300 mm×厚度，3 块

续表 1-1

序号	产品类别	检验依据标准	检验项目	样品数量
40	泡沫塑料	GB/T 8332—2008《泡沫塑料燃烧性能试验方法 水平燃烧法》	水平燃烧性能	400 mm×400 mm×厚度，2 块
41		GB/T 8333—2008《硬泡沫塑料燃烧性能试验方法 垂直燃烧法》	垂直燃烧性能	400 mm×400 mm×厚度，2 块
42	纺织物	GB/T 5454—1997《纺织品 燃烧性能试验 氧指数法》	氧指数	1 m²
43		GB/T 5455—1997《纺织品 阻燃性能测定 垂直法》	垂直燃烧性能	1 m²
44	建筑材料	GB/T 25207—2010《表面材料的实体房间火试验方法》 ISO 9705：1993 Fire tests —Full-scale room test for surface products	表面燃烧特性	顶面：9 m² 墙面：30 m² 地面：9 m²
45	软垫家具	ASTM E 1537—2007《软垫家具着火测试标准试验方法》	热释放速率	3 个
46	床垫	ISO 12949《床垫热释放速率试验方法》	热释放速率	3 个
47	舱壁、天花板和甲板饰面材料	2010 年国际耐火试验程序应用规则（2010 年 FTP 规则）附件 1 第 5 部分[表面可燃性试验（表面材料和甲板板基层辅料试验）]	材料表面燃烧性	800 mm×155 mm×厚度，6 块
48	船用悬挂纺织品	2010 年国际耐火试验程序应用规则（2010 年 FTP 规则）附件 1 第 7 部分（垂直悬挂纺织品和薄膜的试验）	阻燃性能	3 m²
49	船用软家具	2010 年国际耐火试验程序应用规则（2010 年 FTP 规则）附件 1 第 8 部分（软垫家具试验）	船用软家具着火性试验	面罩：（800±10）mm×（650±10）mm，2 块；填料：（450±5）mm×（300±5）mm×（75±2）mm，2 块；（450±5）mm×（150±5）mm×（75±2）mm，2 块

续表 1-1

序号	产品类别	检验依据标准	检验项目	样品数量
50	船用床上用品	2010 年国际耐火试验程序应用规则（2010 年 FTP 规则）附件 1 第 9 部分（床上用品试验）	船用床上用品着火性试验	床单、被罩：450 mm×350 mm，4块。枕头：4个（全尺寸的试样）；可拆下床套的床垫：450 mm×350 mm，各4块
51	船用不燃材料	2010 年国际耐火试验程序应用规则（2010 年 FTP 规则）附件 1 第 1 部分（不燃性试验）	不燃性	300 mm×300 mm×厚度，4块；如果硬度较大，试件应加工成 φ43 mm×50 mm，7 组，同时提供 100 mm×100 mm 的整板 1 块
52	高速船阻火材料	2010 年国际耐火试验程序应用规则（2010 年 FTP 规则）附件 1 第 10 部分（高速船阻火材料试验）	燃烧性能（表面材料）	按实际安装情况计算
			燃烧性能（家具和其他材料）	3 套
53	建筑外墙保温系统	GB/T 29416—2012《建筑外墙外保温系统的防火性能试验方法》 BS 8414-1：2002《外墙外保温系统燃烧性能（第 1 部分：建筑非承重外墙保温系统试验方法）》 BS 8414-2：2005《外墙外保温系统燃烧性能（第 2 部分：钢结构非承重外墙外保温系统试验方法）》	建筑外墙外保温系统防火性能	成品板材不少于 60 m²，或可用于喷涂 60 m² 的材料，以及辅助材料（玻纤布，砂浆，铆钉，螺栓等）
54	建筑材料	GB/T 2408—2008《塑料燃烧性能的测定 水平法和垂直法》 IEC 60695-11-10：1999 Fire hazard testing（Part 11-10：Test flames—50 W horizontal and vertical flame test methods）	垂直燃烧性能	400 mm×400 mm×厚度，2块

序号	产品类别	检验依据标准	检验项目	样品数量
55	建筑材料	GB/T 16172—2007 《建筑材料热释放速率试验方法》 ISO 5660-1：2002 Reaction-to-fire tests—Heat release, smoke production and mass loss rate Part 1：Heat release rate（cone calorimeter method）	锥形量热计（热释放速率）	100 mm×100 mm，5 块
56	建筑材料	ISO 5659-2：2006 Plastics—Smoke generation（Part 2：Determination of optical density by a single-chamber test）	烟气比光密度，包括 4 种试验模式： 模式 1　辐射照度 25 kW/m² ，无引火焰； 模式 2　辐射照度 25 kW/m²，有引火焰； 模式 3　辐射照度 50 kW/m²，无引火焰； 模式 4　辐射照度 50 kW/m²，有引火焰	500 mm×500 mm，3 块（厚度不超过 25 mm，若超过 25 mm，企业自行切割为 25 mm，若为涂料、油漆、胶水等，企业自行涂刷在 500 mm×500 mm 硅钙板上送样；若为两个受火面则需要测试两面）
57	床垫	CFR Part1633 Standard for the Flammability（Open Flame）of Mattresses and Mattress Foundation Sets；Notice of Proposed Rulemaking	床垫着火性	实际用床垫 2 张
58	床垫	ISO12949—2010 Standard test method for measuring the heat release rate of low flammability mattresses and mattress sets	床垫热释放速率	实际用床垫 2 张
59	建筑材料	UL94 Test for Flammability of Plastic Materials for Parts in Devices and Appliances	垂直燃烧性能	

序号	产品类别	检验依据标准	检验项目	样品数量
60	建筑材料	GB/T 20284—2002《建筑材料单体燃烧试验》EN 13823：2010 Reaction to fire tests for building products — Building products excluding floorings exposed to the thermal attack by a single burning item	材料或制品的热释放特性、烟气生成特性，包括以下指标： 1. 燃烧增长速率指数（FIGRA0.2MJ）； 2. 燃烧增长速率指数（FIGRA0.4MJ）； 3. 600 s 内总热释放量（THR600 s）； 4. 火焰横向蔓延长度（LFS）； 5. 烟气生成速率指数（SMOGRA）； 6. 600 s 内总产烟量（TSP600 s）； 7. 燃烧滴落物/微粒	成品：1 500 mm×1 000 mm×厚度，5 块；1 500 mm×495 mm×厚度，5 块
61	建筑材料	ISO 19702—2006 Toxicity testing of fire effluents - Guidance for analysis of gases and vapours in fire effluents using FTIR gas analysis	同 ISO 5659-2 或 ASTM E 662 联用。通常联用 ISO 5659 产烟模型。测试烟气中多种（21 种）气体组分的体积浓度（ppm，ul/l），气体组分包括 H_2O、CO_2、CO、N_2O、NO、NO_2、SO_2、NH_3、HC_{12}、HF_2、CH_4、C_2H_6、C_2H_4、$C3H_8$、$C6H_{14}$、$CH2O$、HCN、HBr、C_3H_4O、C_6H_6O、NOx	样品同 ISO 5659 或 ASTM E 662
62	建筑材料	ASTM E662 Standard Test Method for Specific Optical Density of Smoke Generated by Solid Materials	烟气比光密度，包括两种试验模式： 1. 热辐射照度为 25 kW/m², 无引火焰； 2. 热辐射照度为 25 kW/m², 有引火焰	500 mm×500 mm，3 块（厚度不超过 25 mm，若超过，重点企业自行切割为 25 mm；若为涂料、油漆、胶水等，企业自行涂刷在 500 mm×500 mm 硅钙板上送样；若为两个受火面则需要测试两面）
63	逃生缓降器	GB 21976.2—2012《建筑火灾逃生避难器材（第 2 部分：逃生缓降器）》	全项性能	样品数量 5 套

续表 1-1

序号	产品类别	检验依据标准	检验项目	样品数量
64	柔性泡沫橡塑绝热制品	GB/T 17794—2008《柔性泡沫橡塑绝热制品》、GB 8624—2012《建筑材料及制品燃烧性能分级》、GB/T 19466.1—2004《塑料 差示扫描量热法（DSC）第（1 部分：通则）》、GB/T 19466.2—2004《塑料差示扫描量热法（DSC）（第 2 部分：玻璃化转变温度的测定）》、GB/T 19466.3—2004《塑料 差示扫描量热法（DSC）（第 3 部分：熔融和结晶温度及热焓的测定）》、GB/T 6040—2002《红外光谱分析方法通则》、ISO 11358—1997《塑料-聚合物的热重分析法（TG）（总则）》	全项性能、燃烧性能 B1（B）级、热分析、红外图谱	16 m²
65	绝热用模塑聚苯乙烯泡沫塑料	GB/T 10801.1—2002《绝热用模塑聚苯乙烯泡沫塑料》、GB 8624—2012《建筑材料及制品燃烧性能分级》、GB/T 19466.1—2004《塑料 差示扫描量热法（DSC）（第 1 部分：通则）》、GB/T 19466.2—2004《塑料差示扫描量热法（DSC）（第 2 部分：玻璃化转变温度的测定）》、GB/T 19466.3—2004《塑料 差示扫描量热法（DSC）（第 3 部分：熔融和结晶温度及热焓的测定）》、GB/T 6040—2002《红外光谱分析方法通则》、ISO 11358—1997《塑料-聚合物的热重分析法（TG）（总则）》	全项性能、燃烧性能 B1（B）级、热分析、红外图谱	16 m²
66	绝热用挤塑聚苯乙烯泡沫塑料（XPS）	GB/T 10801.2—2002《绝热用挤塑聚苯乙烯泡沫塑料（XPS）》、GB 8624—2012《建筑材料及制品燃烧性能分级》、GB/T 19466.1—2004《塑料 差示扫描量热法（DSC）（第 1 部分：通则）》、GB/T 19466.2—2004《塑料差示扫描量热法（DSC）（第 2 部分：玻璃化转变温度的测定）》、GB/T 19466.3—2004《塑料 差示扫描量热法（DSC）（第 3 部分：熔融和结晶温度及热焓的测定）》、GB/T 6040—2002《红外光谱分析方法通则》、ISO 11358：1997《ISO 11358-2—2005 塑料.高聚物的热重分析法（TG）（第 2 部分活化能测定）》	全项性能、燃烧性能 B1（B）级、热分析、红外图谱	16 m²

序号	产品类别	检验依据标准	检验项目	样品数量
67	建筑绝热用硬质聚氨酯泡沫塑料	GB/T 21558—2008《建筑绝热用硬质聚氨酯泡沫塑料》、GB 8624—2012《建筑材料及制品燃烧性能分级》、GB/T 19466.1—2004《塑料 差示扫描量热法（DSC）（第1部分：通则）》、GB/T 19466.2—2004《塑料差示扫描量热法（DSC）（第2部分：玻璃化转变温度的测定）》、GB/T 19466.3—2004《塑料 差示扫描量热法（DSC）（第3部分：熔融和结晶温度及热焓的测定）》、GB/T 6040—2002《红外光谱分析方法通则》、ISO 11358—1997《塑料-聚合物的热重分析法（TG）（总则）》	全项性能、燃烧性能B1（B）级、热分析、红外图谱	16 m²
68	绝热用硬质酚醛泡沫制品（PF）	GB/T 20974—2007《绝热用硬质酚醛泡沫制品（PF）》、GB 8624—2012《建筑材料及制品燃烧性能分级》、GB/T 19466.1—2004《塑料 差示扫描量热法（DSC）（第1部分：通则）》、GB/T 19466.2—2004《塑料差示扫描量热法（DSC）（第2部分：玻璃化转变温度的测定）》、GB/T 19466.3—2004《塑料 差示扫描量热法（DSC）（第3部分：熔融和结晶温度及热焓的测定）》、GB/T 6040—2002《红外光谱分析方法通则》、ISO 11358—1997《塑料-聚合物的热重分析法（TG）（总则）》	全项性能、燃烧性能B1（B）级、热分析、红外图谱	16 m²

表 1-2 构件检验室承检产品

序号	产品类别	检验依据标准	检验项目	样品数量
1	吊顶（水平构件）	GB/T 9978.1—2008《建筑构件耐火性能试验方法（第1部分：通用要求）》、GB/T 9978.9—2008《建筑构件耐火性能试验方法（第9部分：非承重吊顶构件的特殊要求）》	耐火性能	3 m×4 m

序号	产品类别	检验依据标准	检验项目	样品数量
2	隔墙（垂直构件）	GB/T 9978.1—2008《建筑构件耐火性能试验方法（第1部分：通用要求）》 GB/T 9978.8—2008《建筑构件耐火性能试验方法（第8部分：非承重垂直分隔构件的特殊要求）》	耐火性能	3 m×3 m
3	梁	GB/T 9978.1—2008，GB/T 9978.6—2008《建筑构件耐火性能试验方法（第6部分：梁的特殊要求）》	耐火性能	长度6 m或4.5 m
4	柱	GB/T 9978.1—2008，GB/T 9978.7—2008《建筑构件耐火性能试验方法（第7部分：柱的特殊要求）》	耐火性能	高度2.8 m
5	防火门	GB 12955—2008《防火门》	全项性能	2樘
			耐火性能	1樘
6	防火锁	GB 12955—2008《防火门（附录A0）》	耐火性能	2把
7	防火铰链（合页）	GB 12955—2008《防火门（附录B）》	耐火性能	6个
8	防火顺序器	GB 12955—2008《防火门（附录C）》	耐火性能	2个
9	防火插销	GB 12955—2008《防火门（附录D）》	耐火性能	2个
10	防火卷帘	GB 14102—2005《防火卷帘》	全项性能	1樘[防火防烟卷帘和特级火卷帘需提供1.2 m×1.2 m；无机卷帘需提供1 m×1 m的帘布（每层布分别送）]
11	防火窗	GB 16809—2008《钢质防火窗》	全项性能	2樘（活动式另提供热敏感元件15个）
12	防火阀	GB 15930—2007《建筑通风和排烟系统用防火阀门》	全项性能	2台；易熔片15支

续表 1-2

序号	产品类别	检验依据标准	检验项目	样品数量
13	排烟防火阀	GB 15930—2007《建筑通风和排烟系统用防火阀门》	全项性能	2台；易熔片15支
14	建筑通风和排烟系统用防火阀门（排烟阀）	GB 15930—2007《建筑通风和排烟系统用防火阀门》	全项性能	2台
15	消防排烟风机（不大于18#风机）	GA 211—2009《消防排烟风机耐高温试验方法（全项性能需分别对应增加理化的标准）》	耐高温性能	1台
16	消防排烟通风机	JB/T 10281—2001《消防排烟通风机 技术条件》	理化性能	1台
17	隧道用射流风机	JB/T 10489—2004《隧道用射流风机 技术条件》	理化性能	1台
18	屋顶通风机	JB/T 9069—2000《屋顶通风机》	理化性能	1台
19	一般用途轴流通风机	JB/T 10562—2006《一般用途轴流通风机 技术条件》	理化性能	1台
20	一般用途离心通风机	JB/T 10563—2006《一般用途离心通风机 技术条件》	理化性能	1台
21	斜流通风机	JB/T 10820—2008《斜流通风机 技术条件》	理化性能	1台
22	复合防火玻璃	GB 15763.1—2009《建筑用安全玻璃钢（第1部分：防火玻璃）》	全项性能	1 200 mm×700 mm，2块 610 mm×610 mm，12块 300 mm×300 mm，9块 300 mm×76 mm，6块
23	单片防火玻璃	GB 15763.1—2009《建筑用安全玻璃钢（第1部分：防火玻璃）》	全项性能	1 200 mm×700 mm，2块 1 100 mm×360 mm，5块 610 mm×610 mm，12块 300 mm×300 mm，3块

続表 1-2

序号	产品类别	检验依据标准	检验项目	样品数量
24	镶玻璃构件	GB/T 12513—2006《镶玻璃构件耐火试验方法》	耐火性能	1 樘
25	防火玻璃非承重隔墙	GA 97—1995《防火玻璃非承重隔墙通用技术条件》	耐火性能	1 樘
26	柔性有机堵料	GB 23864—2009《防火封堵材料》	全项性能	100 kg
27	无机堵料	GB 23864—2009《防火封堵材料》	全项性能	150 kg
28	阻火包	GB 23864—2009《防火封堵材料》	全项性能	150 kg
29	阻火模块	GB 23864—2009《防火封堵材料》	全项性能	依据安装方式计算
30	防火封堵板材	GB 23864—2009《防火封堵材料》	全项性能	依据安装方式计算
31	泡沫封堵材料	GB 23864—2009《防火封堵材料》	全项性能	依据安装方式计算
32	防火密封胶	GB 23864—2009《防火封堵材料》	全项性能	依据安装方式计算
33	缝隙封堵材料	GB 23864—2009《防火封堵材料》	全项性能	依据安装方式计算
34	阻火包带	GB 23864—2009《防火封堵材料》	全项性能	依据安装方式计算
35	防火膨胀密封件	GB 16807—2009《防火膨胀密封件》	全项性能	20 米
36	阻火圈	GA 304—2012《塑料管道阻火圈》	全项性能	5 只
37	挡烟垂壁	GA 533—2012《挡烟垂壁》	全项性能	一台包含电控系统,挡烟部件的尺寸为 1 100 mm×600 mm;另一件为挡烟部件,尺寸至少为 1 200 mm×700 mm
38	闭门器	GA 93—2004《防火门闭门器》	全项性能	3 只
39	排油烟气防火止回阀	GA/T 798—2008《排油烟气防火止回阀》	全项性能	2 个

序号	产品类别	检验依据标准	检验项目	样品数量
40	耐火电缆槽盒	GB 29415—2013《耐火电缆槽盒》	全项性能	2m×3节
41	母线干线系统（母线槽）	GA/T 537—2005《母线干线系统（母线槽）阻燃、防火、耐火性能的试验方法》	防火性能阻燃性能	2 m×2节（含一个接头）
42	通风管道	GB/T 17428—2009《通风管道耐火试验方法》	耐火性能	管道 A、管道 B（详见图纸）
43	住宅厨房、卫生间排气道	JG/T 194—2006《住宅厨房、卫生间排气道》	耐火性能	1 m×2节
44	住宅厨房、卫生间排气道	JG/T 194—2006《住宅厨房、卫生间排气道》	全项性能	1 m×4节
45	室内超薄型钢结构防火涂料	GB 14907—2002《钢结构防火涂料》	全项性能	100 kg
46	室内薄型钢结构防火涂料	GB 14907—2002《钢结构防火涂料》	全项性能	200 kg
47	室内厚型钢结构防火涂料	GB 14907—2002《钢结构防火涂料》	全项性能	400 kg
48	室外超薄型钢结构防火涂料	GB 14907—2002《钢结构防火涂料》	全项性能	100 kg
49	室外薄型钢结构防火涂料	GB 14907—2002《钢结构防火涂料》	全项性能	200 kg
50	室外厚型钢结构防火涂料	GB 14907—2002《钢结构防火涂料》	全项性能	400 kg
51	隧道防火涂料	GB 28375—2012《混凝土结构防火涂料》	全项性能	200 kg
52	混凝土结构防火涂料	GB 28375—2012《混凝土结构防火涂料》	全项性能	200 kg
53	防火堤防火涂料	GB 28375—2012《混凝土结构防火涂料》	全项性能	200 kg

序号	产品类别	检验依据标准	检验项目	样品数量
54	船用舱壁	2010 年国际耐火试验程序应用规则（2010 年 FTP 规则）附件 1 第 3 部分《"A"级、"B"级和"F"级分隔试验》	耐火性能	1 樘
55	船用甲板	2010 年国际耐火试验程序应用规则（2010 年 FTP 规则）附件 1 第 3 部分《"A"级、"B"级和"F"级分隔试验》	耐火性能	1 樘
56	钢结构用板材类防火保护板	GA/T 714—2007《构件用防火保护材料快速升温耐火试验方法》	耐火性能	根据图纸计算
57	隧道防火保护板	GB28376—2012《隧道防火保护板》	全项性能	根据图纸计算
58	隧道防火保护板	GB28376—2012《隧道防火保护板》	耐火性能	施工面积不低于 7 m²
59	通风管道	GB/T 17428—2009《通风管道耐火试验方法》	耐火性能	管道 A、管道 B（详见图纸）

表 1-3 电缆与涂料室承检产品

序号	产品类别	检验依据标准	检验项目	样品数量
1	阻燃电缆	GA 306.1—2007《阻燃及耐火电缆[塑料绝缘、阻燃及耐火电缆分级和要求（第 1 部分：阻燃电缆）]》	全项性能	总样品数量 $=N \times 3.5\ m + 25\ m$ 式中： $N = \dfrac{1000V}{S - S_m}$，$N$ 为试件根数；S 为电缆截面积；S_m 为导体截面积；（A 类 V 取 7.0L/m，B 类 V 取 3.5L/m，C 类 V 取 1.5L/m）
2	耐火电缆	GA 306.2—2007《阻燃及耐火电缆[塑料绝缘阻燃及耐火电缆分级和要求（第 2 部分：耐火电缆）]》	全项性能	30 m

続表 1-3

序号	产品类别	检验依据标准	检验项目	样品数量
3	阻燃电缆	GB/T 18380.33—2008《电缆和光缆在火焰条件下的燃烧试验[第33部分：垂直安装的成束电线电缆火焰垂直蔓延试验（A类）]》	阻燃特性（A类）或炭化高度（A类）	样品数量=$N \times 3.5$ m 式中： $N = \dfrac{1000V}{S-S_m}$，N 为试件根数； S 为电缆截面积； S_m 为导体截面积； A 类 V 取 7.0 L/m
4	阻燃电缆	GB/T 18380.34—2008《电缆和光缆在火焰条件下的燃烧试验[第34部分：垂直安装的成束电线电缆火焰垂直蔓延试验（B类）]》	阻燃特性（B类）或炭化高度（B类）	样品数量=$N \times 3.5$ m 式中： $N = \dfrac{1000V}{S-S_m}$，N 为试件根数； S 为电缆截面积； S_m 为导体截面积； B 类 V 取 3.5L/m
5	阻燃电缆	GB/T 18380.35—2008《电缆和光缆在火焰条件下的燃烧试验[第35部分：垂直安装的成束电线电缆火焰垂直蔓延试验（C类）]》	阻燃特性（C类）或炭化高度（C类）	样品数量=$N \times 3.5$ m 式中： $N = \dfrac{1000V}{S-S_m}$，N 为试件根数； S 为电缆截面积； S_m 为导体截面积； C 类 V 取 1.5L/m
6	阻燃电缆	GB/T 18380.36—2008《电缆和光缆在火焰条件下的燃烧试验[第36部分：垂直安装的成束电线电缆火焰垂直蔓延试验（D类）]》	阻燃特性（D类）或炭化高度（D类）	样品数量=$N \times 3.5$ m 式中： $N = \dfrac{1000V}{s-sm}$，N 为试件根数； S 为电缆截面积； S_m 为导体截面积； D 类 V 取 0.75L/m
7	阻燃电缆/耐火电缆	GB/T 17651.2—1998《电缆或光缆在特定条件下燃烧的烟密度测定（第2部分：试验步骤和要求）》	烟密度（最小透光率）	D>40 mm　1 m 长，3 根； 40 mm≥D>20 mm　1 m 长，6 根； 20 mm≥D>10 mm　1 m 长，9 根； 10 mm≥D>5 mm　1 m 长，45/D×3 根； 5 mm≥D>2 mm　1 m 长，45/3D×3 束（每束 7 根）。 注：D 为外径

序号	产品类别	检验依据标准	检验项目	样品数量
8	阻燃电缆	GB/T 18380.13—2008 《电缆和光缆在火焰条件下的燃烧试验[第 13 部分：单根绝缘电线电缆火焰垂直蔓延试验 测定燃烧的滴落（物）/微粒的试验方法]》	单根垂直燃烧[测定燃烧的滴落（物）/微粒的试验方法]	10 米
9	阻燃电缆	GB/T 18380.12—2008 《电缆和光缆在火焰条件下的燃烧试验[第 12 部分：单根绝缘电线电缆火焰垂直蔓延试验（1 kW 预混合型火焰试验方法）]》	单根垂直燃烧	10 米
10	耐火电缆	GB/T 19216.21—2003 《在火焰条件下电缆或光缆的线路完整性试验[第 21 部分：试验步骤和要求（额定电压 0.6/1.0 kV 及以下电缆）]》	线路完整性	1.2 m×3 根
11	耐火电缆	BS 6387：1994 《在火焰条件下电缆保持电路完整性的性能要求》	线路完整性（单纯耐火 C、耐火防水 W、耐火耐冲击 Z）	1.6 m×9 根
12	矿物绝缘电缆	GB/T 13033.1—2007 《额定电压 750V 以下矿物绝缘电缆及终端（第一部分：电缆）》	全项性能	金属护套：20 米。 塑料护套：参照 GA 306.1—2007
13	电缆用阻燃包带	GA 478—2004 《电缆用阻燃包带》	全项性能	500 米
14	阻燃电（光）缆	GA/T 716—2007 《电缆或光缆在受火条件下的火焰传播及热释放和产烟特性的试验方法》	全项性能	每根电缆试样的最小长度为 3.5 m。电缆试样段的总根数应依据下面公式确定。 直径大于或等于 20 mm 的电缆试样根数 N 由式（1）给出，即 $$N = \text{int}\left(\frac{300+20}{d_c+20}\right) \cdots\cdots\cdots (1)$$ 式中： d_c 为电缆的直径（取最接近的整数，保留到 mm）；

序号	产品类别	检验依据标准	检验项目	样品数量
14	阻燃电（光）缆	GA/T 716—2007《电缆或光缆在受火条件下的火焰传播及热释放和产烟特性的试验方法》	全项性能	int 函数为对结果取整（即整数值）。直径大于 5 mm 且小于 20 mm 的电缆试样根数 N 由式（2）给出，即 $$N = \mathrm{int}\left(\frac{300+d_c}{2d_c}\right)\cdots\cdots(2)$$ 式中：d_c 为电缆的直径（取最接近的整数，保留到 mm）；int 函数为对结果取整（即整数值）。直径小于或等于 5 mm 的电缆样品由许多直径大约为 10 mm 电缆束组成，缆束数量 N_{bu} 的由式（3）给出，即 $$N_{bu} = \mathrm{int}\left(\frac{300+10}{20}\right)=15\cdots\cdots(3)$$ 因此，样品由 15 束电缆组成。每缆束的试样根数 n 由式（4）给出，即 $$n = \mathrm{int}\left(\frac{100}{d_c^2}\right)\cdots\cdots(4)$$ 式中：d_c 为电缆的直径（mm，保留到小数点后一位）。因此，试样总根数 N 由式（5）给出，即：$N=n\times15\cdots\cdots(5)$
15	灭火器	GB 4351.1—2005《手提式灭火器（第1部分：性能和结构要求）》、GB 4351.2—2005《手提式灭火器（第2部分：手提式二氧化碳钢质无缝瓶体的要求）》、GB 4351.3—2005《手提式灭火器（第3部分：检验细则）》	全项性能	22具
16	BC 干粉灭火剂	GB 4066.1—2004《干粉灭火剂（第1部分：BC 干粉灭火剂）》	全项性能	50 kg

続表 1-3

序号	产品类别	检验依据标准	检验项目	样品数量
17	ABC 干粉灭火剂	GB 4066.2—2004《干粉灭火剂（第 2 部分：ABC 干粉灭火剂）》	全项性能	50 kg
18	泡沫灭火剂	GB 15308—2006《泡沫灭火剂》	全项性能	10 kg
19	水系灭火剂	GB 17835—2008《水系灭火剂》	全项性能	10 kg
20	推车式灭火剂	GB 8109—2005《推车式灭火剂》	全项性能	22 具
21	简易式灭火器	GA 86—2009《简易式灭火器》	全项性能	20 具
22	消火栓箱	GB 14561—2003《消火栓箱》	全项性能	2 台及该型号所需配备物品
23	室内消火栓	GB 3445—2005《室内消火栓》	全项性能	主型产品 3 台；分型产品 2 台
24	室外消火栓	GB 4452—1996《室外消火栓通用技术条件》	全项性能	主型产品 3 台；分型产品 2 台
25	消防水泵接合器	GB 3446-93《消防水泵接合器》	全项性能	主型产品 3 台；分型产品 2 台
26	有衬里消防水带	GB 6246—2001《有衬里消防水带性能要求和试验方法》	全项性能	最长长度规格：3 根
27	消防水枪	GB 8181—2005《消防水枪》	全项性能	3 支
28	灭火器箱	GA139—2009《灭火器箱》	全项性能	2 台
29	防火卷帘用卷门机	GA 603—2006《防火卷帘用卷门机》	全项性能	2 台+安装帘板
30	消防接口	GB 12514.1—2005《消防接口（第一部分：消防接口通用技术条件）》、GB 12514.2—2006《消防接口（第二部分：内扣式消防接口型式和基本参数）》、GB 12514.3—2006《消防接口（第三部分：卡式消防接口型式和基本参数）》、GB 12514.4—2006《消防接口（第四部分：螺纹式消防接口型式和基本参数）》	全项性能	6 副

序号	产品类别	检验依据标准	检验项目	样品数量
31	消防软管卷盘	GB 15090—2005《消防软管卷盘》	全项性能	2 台
32	分水器和集水器	GA 868—2010《分水器和集水器》	全项性能	3 具
33	消防泵	GB 6245—2006《消防泵》	全项性能	1 台
34	饰面型防火涂料	GB 12441—2005《饰面型防火涂料》	全项性能	2 桶，10kg/桶
35	电缆防火涂料	GB 28374—2012《电缆防火涂料》	全项性能	2 桶，25kg/桶
36	常规消防安全标志	GA 480.2—2004《消防安全标志通用技术条件（第 2 部分：常规消防安全标志）》	全项性能	10 个
37	蓄光消防安全标志	GA 480.3—2004《消防安全标志通用技术条件（第 3 部分：蓄光消防安全标志）》	全项性能	10 个
38	逆向反射消防安全标志	GA 480.4—2004《消防安全标志通用技术条件（第 4 部分：逆向反射消防安全标志）》	全项性能	10 个
39	荧光消防安全标志	GA 480.5—2004《消防安全标志通用技术条件（第 5 部分：荧光消防安全标志）》	全项性能	10 个
40	搪瓷消防安全标志	GA 480.6—2004《消防安全标志通用技术条件（第 6 部分：搪瓷消防安全标志）》	全项性能	10 个
41	消防水鹤	GA 821—2009《消防水鹤》	全项性能	2 套
42	消防吸水胶管	GB 6969—2005《消防吸水胶管》	全项性能	2 根/各 10 米
43	脉冲气压喷雾水枪	GA 534—2005《脉冲气压喷雾水枪》	全项性能	2 台
44	阻燃橡皮绝缘电缆	GA 535—2005《阻燃及耐火电缆 阻燃橡皮绝缘电缆分级和要求》	全项性能	数量按照阻燃电缆送样方法送取
45	矿物绝缘电缆	JG/313—2011《矿物绝缘电缆》	全项性能	金属护套：20 米。塑料护套：参照 GA 306.1—2007

序号	产品类别	检验依据标准	检验项目	样品数量
46	洒水喷头	GB 5135.1—2003《自动喷水灭火系统（第 1 部分：洒水喷头）》	全项性能	喷头：250 只 玻璃球：30 只 易熔元件：20 个 隐蔽式喷头装饰罩：50 个
47	湿式报警阀	GB 5135.2—2003《自动喷水灭火系统（第 2 部分：湿式报警阀、延迟器、水力警铃）》	全项性能	2 台
48	水雾喷头	GB 5135.3—2003《自动喷水灭火系统（第 3 部分：水雾喷头）》	全项性能	开式：50 只 闭式：200 只 玻璃球：30 只 易熔元件：20 个
49	干式报警阀	GB 5135.4—2003《自动喷水灭火系统（第 4 部分：干式报警阀）》	全项性能	2 台
50	雨淋报警阀	GB 5135.5—2003《自动喷水灭火系统（第 5 部分：雨淋报警阀）》	全项性能	2 台
51	球阀/消防电磁阀/蝶阀/截止阀/信号阀	GB 5135.6—2003《自动喷水灭火系统（第 6 部分：通用阀门）》	全项性能	5 台
52	水流指示器	GB 5135.7—2003《自动喷水灭火系统（第 7 部分：水流指示器）》	全项性能	水流指示器 4 只，密封垫 3 只，聚乙烯叶片 3 只
53	加速器	GB 5135.8—2003《自动喷水灭火系统（第 8 部分：加速器）》	全项性能	加速器 3 只，弹性密封元件 12 只
54	早期抑制快速响应（ESFR）喷头	GB 5135.9—2006《自动喷水灭火系统[第 9 部分：早期抑制快速响应（ESFR）喷头]》	全项性能	喷头：300 只 玻璃球：75 只 易熔元件：20 个
55	压力开关	GB 5135.10—2006《自动喷水灭火系统（第 10 部分：压力开关）》	全项性能	10 只

序号	产品类别	检验依据标准	检验项目	样品数量
56	沟槽式管接件	GB 5135.11—2006《自动喷水灭火系统（第 11 部分：沟槽式管接件）》	全项性能	沟槽式管接件 15 只，橡胶标准试样 10 只或提供相同材料的标准试验胶料
57	扩大覆盖面积洒水喷头	GB 5135.12—2006《自动喷水灭火系统（第 12 部分：扩大覆盖面积洒水喷头）》	全项性能	喷头：250 只；玻璃球：30 只；易熔元件：20 个隐蔽式喷头装饰罩：50 个
58	水幕喷头	GB 5135.13—2006《自动喷水灭火系统（第 13 部分：水幕喷头）》	全项性能	35 只
59	预作用装置	GB 5135.14—2011《自动喷水灭火系统（第 14 部分：预作用装置）》	全项性能	预作用装置：1阀组：2 套控制盘：3 个电磁阀：3 个减压阀：2 个单向阀：3 个控制阀：2 个
60	家用喷头	GB 5135.15—2008《自动喷水灭火系统（第 15 部分：家用喷头）》	全项性能	喷头：250 只；玻璃球：30 只；易熔元件：20 个
61	消防洒水软管	GB 5135.16—2010《自动喷水灭火系统（第 16 部分：消防洒水软管）》	全项性能	10 根
62	减压阀	GB 5135.17—2011《自动喷水灭火系统（第 17 部分：减压阀）》	全项性能	2 台
63	消防管道支吊架	GB/T 5135.18—2010《动喷水灭火系统（第 18 部分：消防管道支吊架）》	全项性能	2 套
64	塑料管道及管件	GB/T 5135.19—2010《自动喷水灭火系统（第 19 部分：塑料管道及管件）》	全项性能	塑料管道：30 米管件：15 件

序号	产品类别	检验依据标准	检验项目	样品数量
65	涂覆钢管	GB/T 5135.20—2010《自动喷水灭火系统（第20部分：涂覆钢管）》	全项性能	2根，总长度不少于10米
66	末端试水装置	GB 5135.21—2011《自动喷水灭火系统（第21部分：末端试水装置）》	全项性能	5套
67	玻璃球	GB 18428—2010《自动灭火系统用玻璃球》	全项性能	240只
68	BC超细干粉灭火剂/ABC超细干粉灭火剂	GA 578—2005《超细干粉灭火剂》	全项性能	60 kg
69	惰性气体灭火剂	GB 20128—2006《惰性气体灭火剂》	全项性能	8L
70	二氧化碳灭火剂	GB 4396—2005《二氧化碳灭火剂》	全项性能	10 kg
71	七氟丙烷灭火剂	GB 18614—2012《七氟丙烷灭火剂》	全项性能	3 kg
72	六氟丙烷灭火剂	GB 25971—2010《六氟丙烷灭火剂》	全项性能	3 kg
73	A类泡沫灭火剂	GB 27897—2011《A类泡沫灭火剂》	全项性能	50 L
74	消防应急照明灯具/消防应急标志灯具/消防应急照明标志复合灯具	GB 17945—2010《消防应急照明和疏散指示系统》	全项性能	2只，企业应配套完整
75	消防气压给水设备	GB 27898.1—2011《固定消防给水设备（第1部分：消防气压给水设备）》	全项性能	1套
76	消防自动恒压给水设备	GB 27898.2—2011《固定消防给水设备（第2部分：消防自动恒压给水设备）》	全项性能	1套

序号	产品类别	检验依据标准	检验项目	样品数量
77	消防增压稳压给水设备	GB 27898.3—2011《固定消防给水设备（第3部分：消防增压稳压给水设备）》	全项性能	1套
78	消防气体顶压给水设备	GB 27898.4—2011《固定消防给水设备（第4部分：消防气体顶压给水设备）》	全项性能	1套
79	消防双动力给水设备	GB 27898.5—2011《固定消防给水设备(第5部分：消防双动力给水设备)》	全项性能	1套

二、检验流程图

防火产品检验流程如图 1-1 所示。

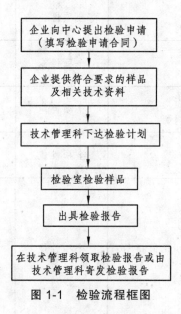

图 1-1　检验流程框图

第二节　产品防火安全标识

为了配合国家有关法规的实施并与国际接轨，国家防火建材质检中心开展了防火安全标识服务工作。已开展的标识服务工作主要有公共场所阻燃制品及组件燃烧性能标识、产品质量跟踪标识、燃烧性能等级标识（建筑材料燃烧性能等级标识、电线电缆燃烧性能等级标识、耐火构配件的耐火性能等级标识）等。

一、公共场所阻燃制品及组件燃烧性能标识

为了推动阻燃制品在公共场所的应用，从 2003 年开始，公安部消防局就组织了相关研究机构针对公共场所火灾的防治开展了大量的试验和理论研究，并组织制定了强制性国家标准 GB 20286—2006《公共场所阻燃制品及组件燃烧性能要求和标识》，该标准对公共场所应用阻燃制品及阻燃制品标识作出了明确的强制性规定。

1. 标识图样

阻燃制品标识图样如图 1-2 所示。

图 1-2　阻燃制品标识图样

2. 公共场所阻燃制品标识获取流程

公共场所阻燃制品标识获取流程如图 1-3 所示。

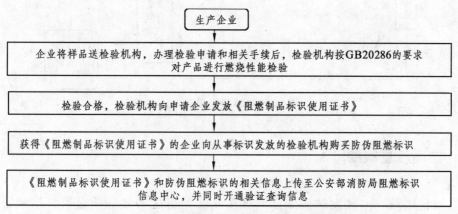

图 1-3　公共场所阻燃制品标识获取流程框图

二、燃烧性能等级标识

国家防火建筑材料质量监督检验中心为了配合有关防火规范的实施，在公安部的支持下推出了相关产品的燃烧性能等级标识，其中包括建材燃烧性能等级标识、电线电缆燃烧性能等级标识、建筑构（配）件的耐火性能等级标识。产品必须经抽样检验并达到相应的燃烧性能等级方有资格获得该标识。

（1）燃烧性能等级标识图样如图 1-4 所示。

图 1-4　燃烧性能等级标识图样

（2）燃烧性能等级标识的分类。材料燃烧性能等级标识分为 A1 级、A2 级、B 级、C 级、D 级、E 级、F 级七类；电线电缆燃烧性能分为阻燃/耐火 IA，IIA，IIIA……20 种；建筑构（配）件根据不同的耐火极限时间分为耐火性能 1 h，1.5 h，2 h……8 种。

（3）建材燃烧性能等级标识、电线电缆燃烧性能等级标识、建筑构（配）件的耐火性能等级标识获取流程如图 1-5 所示。

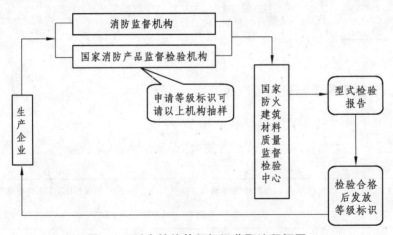

图 1-5　耐火性能等级标识获取流程框图

三、产品质量跟踪

产品质量跟踪在一些发达国家已开展多年，是行之有效的质量监督检验服务。目前世界上很多国家（美国、英国、加拿大、瑞士等）的权威检验机构都开展了质量跟踪工作，并在世界上得到了广泛的认同。国家防火建筑材料质量监督检验中心（以下简称中心）借鉴国际上一些著名检验机构的做法和经验，率先在国内开展了防火保护材料产品质量跟踪服务工作。中心在工作中坚持科学、公正、从严的原则，在切实保证使用者利益的同时，努力促进被跟踪企业向高水平、高素质的名牌企业发展；在把优秀的企业和质量稳定的产品推向市场的同时，努力做好第三方质量保证，以规范市场、引导消费，促进被动防火产品向健康稳定的方向发展。

企业参与产品的质量跟踪，一方面体现了企业在生产规模、技术含量和产品质量、管理水平上具有雄厚的实力，另一方面也是企业为提高产品质量、树立企业形象、创立品牌而自愿接受第三方和全社会质量监督的一种形式和信誉。我中心已在国内众多的防火材料、保温材料等消防相关产品的生产企业中择优对部分企业的产品开展了产品质量跟踪工作，企业的跟踪产品质量得到了有效的控制和保障，在市场竞争中占据优势，取得了较好经济效益和社会效益。跟踪企业的管理水平和产品质量不断得到提高，逐步发展成为我国防火建筑材料产品的名牌企业。

（一）简 介

产品质量跟踪在一些发达国家已开展多年，是行之有效的质量监督检验服务。我中心借鉴国际上一些著名检验机构的做法和经验，率先在国内开展了防火保护材料产品质量跟踪服务工作，在工作中坚持科学、公正、从严的原则，在切实保证使用者利益的同时，努力促进被跟踪企业向高水平、高素质的名牌企业发展。在把优秀的企业和把质量稳定的产品推向市场的同时，努力做好第三方质量保证，以规范市场、引导消费，促进被动防火产品向健康稳定的方向发展。

（二）要 求

（1）申请产品质量跟踪的企业为所生产产品质量稳定、业内信誉度好、自觉把产品质量作为企业生存之道、具有一定生产规模的企业。

（2）其产品在本中心按现行标准检验合格。

（3）愿意遵守本中心对质量跟踪企业的有关规定和要求。

（4）有营业执照及组织机构代码证。

（5）有必要的生产场地。

（6）有保证产品质量的生产、检验设备，特别是应配置符合企业所生产产品的阻燃性能的检验设备及检验人员。

（三）获证程序

1. 企业申请

（1）填写《产品质量跟踪申请书》、《生产检验设备配置表》、《产品特性文件表》。

（2）提供营业执照和组织机构代码证复印件（加盖公章）、生产工艺流程图、产品照片、经中心检验合格的检验报告及其他有关材料。

2. 审　查

（1）文件审查。由质量跟踪管理人员负责对企业提供的资料进行审查，如有问题及时与企业沟通。

（2）现场核查。企业所提供相关资料审查合格后，中心派人到企业按《产品质量跟踪实施规则》的规定对企业进行核查。

（3）核查内容。核查内容主要包括质量管理体系文件、生产检验设备配置、产品一致性、生产工艺流程、原材料控制、生产过程控制、产品出厂检验等。

3. 签订《产品质量跟踪合同书》

企业在完成了上述申请和审查工作后，签订《产品质量跟踪合同书》。

4. 交费、颁发《产品质量跟踪证书》并授权使用中心的质量跟踪标志

企业按规定交纳所需费用后即可颁发《产品质量跟踪证书》，并授权使用中心的质量跟踪标志。

（四）管　理

1. 证后监督

（1）证后监督方式为产品质量抽查检验和到厂监督。

（2）检验方式有全项性能检验、部分项目的监督检验，抽样方式有企业生产现场、企业库房、销售场所、施工工地等。

（3）到厂监督主要是进行原材料控制检查、企业出厂检验记录的检查、产品一致性检查、质量跟踪标志使用情况检查，见证企业检验人员进行产品燃烧性能的出厂检验。

（4）每年监督频次不少于一次。

2. 产品质量监督检验合格的证书继续保持

3. 对出现产品质量监督检验不合格的处理

（1）企业立即停止中心授权标志的使用；

（2）企业对出现不合格的情况进行分析，对产生不合格的因素进行整改，并将整改资料寄中心办公室；

（3）负责质量跟踪的人员对企业的整改资料进行审核，确认整改有效后，中心再派人员到企业进行核查并抽封整改后的产品进行全项性能检验（相关费用由企业承担）；

（4）检验合格后书面通知企业可恢复使用中心授权标志。

（五）证书保持

（1）年度监督合格。

（2）在每年 10 月提出证书保持申请并交纳年金。

（六）证书的撤销

在证书有效期内，出现下列情况之一的撤销证书：

（1）不接受监督的；

（2）二次监督检验不合格；

（3）违反本规则规定的；

（4）国家、行业、地方监督抽查不合格；

（5）未按规定交纳费用。

（七）标　　志

获证的产品可以使用中心的标志，标志样式见图1-6。
自证书撤销之日起或证书暂停期间，产品不得使用标志。

质　量　跟　踪

FOLLOW-UP SERVICE

图1-6　中心的标志式样

（八）中心服务

（1）中心授权企业可在其产品说明书、对外宣传资料上、产品及包装上印刷质量跟踪服务标志，但应符合标志使用的有关规定。

（2）中心利用各种媒体（中心网站、《中国防火建材产品的技术手册》、中心参加的各种展览会）对产品质量跟踪企业进行宣传。

（3）对跟踪产品进行质量跟踪监督检查（多种方式的产品质量检查及市场信息的跟踪调查）。

（4）收集被跟踪企业所生产产品的相关信息（产品的技术发展方向、行业动态、标准规范动态等）并将其整理，每年至少提供一次信息给企业。

（5）中心可帮助企业建立符合其产品要求的试验装置并对企业的检验人员进行培训，确保企业可在日常生产中按规定进行出厂检验，以保证每批产品的质量。

（6）当监督检验结果出现不合格时，中心有义务帮助企业分析不合格的原因。

（九）对被跟踪企业的要求

（1）应完善质检设备，健全质保体系。

（2）重视产品的质量管理和企业形象，认真解决所发现的产品质量问题。

（3）在质量跟踪服务期间，无偿提供跟踪检验样品。

（4）在质量跟踪服务期间，与中心积极配合，对中心或用户提出的意见及时答复并认真处理。

（5）被跟踪企业在质量跟踪服务期满后不续签协议，或中心根据抽查结果已取消对被跟踪企业的质量跟踪服务，被跟踪企业不得继续使用质量跟踪服务标志，否则，中心将依法追究被跟踪企业的法律责任。

（十）质量跟踪标识获取流程

质量跟踪标识的获取流程如图 1-7 所示。

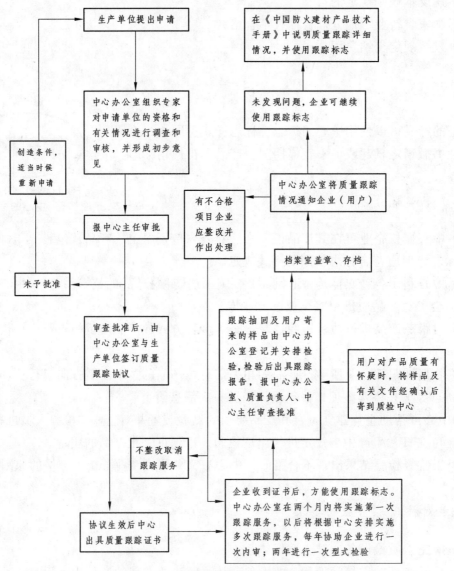

图 1-7 质量跟踪标识获取流程框图

第三节　各部门职能

中心下设办公室、技术管理科、技术发展部、工厂检查室和防火建材检验室、耐火建筑构（配）件检验室、阻燃电缆与防火涂料检验室等部门，且规定了相应的职能。

1. 办公室

负责中心的内部行政管理工作，负责中心印章及介绍信的管理和使用，负责档案管理工作，负责中心出版物的组织、编辑，负责中心网站和管理软件的管理工作，负责对外宣传、咨询服务，负责质量跟踪、燃烧性能标识的推广，负责产品自愿性认证的归口管理工作并与认证机构沟通联系具体事宜，承担有关地方行政事务接待工作，负责会议筹备、文件整理工作，完成领导交办的其他任务。

2. 技术管理科

负责受理检验业务申请、技术文件审查和合同评审、样品管理、检验报告发放及费用结算等工作，负责检验业务计划制定、下达检验任务；负责受理对中心的申诉和抱怨，负责拟定监督检验计划，经批准后组织实施，负责中心检验结果通报，完成领导交办的其他任务。

3. 技术发展部

负责拟定中心实验室建设及环境规划方案，负责拟定中心相关标准的制、修订和科研项目发展规划；负责中心检验技术、设备研发和制定新增检验项目计划及其他业务拓展工作，负责中心技术评定（针对新增检验设备评审、技术文件评审、标准执行能力确认等）的归口管理和档案立卷工作，归口管理质量监督和内部质量审核工作，负责中心标准化及检测技术服务工作，负责标准管理工作，负责中心检验用仪器、设备的计量检定和设备管理工作，负责人员培训工作，负责维护质量体系的运行有效性和适应性，完成领导交办的其他任务。

4. 工厂检查室

负责消防产品强制性认证的归口管理工作，并与认证机构沟通联系具体事宜，完成领导交办的其他任务。

5. 防火建材检验室

负责防火建筑材料、保温材料及各类阻燃制品和船用材料等产品的检验；负责本部门试验室及有关设备的管理工作，完成领导交办的其他任务。

6. 耐火建筑构（配）件检验室

负责各类防火门、防火窗、防火玻璃、防火卷帘、船用构配件、防火阀、防火封堵材料、钢结构防火涂料、混凝土结构防火涂料及其他耐火构（配）件等产品的检验，负责本部门试验室及有关设备的管理工作，完成领导交办的其他任务。

7. 阻燃电缆与防火涂料检验室

负责阻燃和耐火电缆产品、饰面型防火涂料、电缆防火涂料、消火栓箱、消防水带、消防接口、应急照明电源、应急照明灯具、灭火器、灭火器箱、灭火药剂、灭火设备产品等的检验，负责本部门试验室及有关设备的管理工作，完成领导交办的其他任务。

8. 质量监督组

负责监督检查各检验岗位的设备、环境及检验人员的操作是否符合标准的规定、检验结论是否正确，负责制定验证试验计划并监督实施，负责对检验质量事故和其他事故的调查分析并提出处理意见，负责重要检验任务的全过程或重要检验过程的质量监督，完成领导交办的其他任务。

9. 技术管理层

中心设主任一名、副主任二至三名，其中一名副主任担任常务副主任、一名副主任担任技术负责人；中心主任、常务副主任和技术负责人全面负责技术运作和确保工作质量所需的资源。

当中心主任不在时，由常务副主任代行其职权，且其签字有效；当中心主任和常务副主任均不在时，技术负责人或质量负责人受其委托，代行其职权，签字有效。

质量负责人是中心最高管理层的一员，并具有保证管理体系得以实施和遵循的责任和权力。

第二章

火灾防护产品相关标准解析

《强制性产品认证实施规则》CNCA—C18—02：2014 于 2014 年 5 月 30 日发布，并于 2014 年 9 月 1 日起正式实施，其中火灾防护产品涉及 10 大类（防火涂料、防火封堵材料、耐火电缆槽盒、防火窗、防火门、防火玻璃、防火卷帘、防火排烟阀门、消防排烟风机、挡烟垂壁）18 个认证依据标准（国家标准 12 个，行业标准 6 个）。国家防火建材质检中心组织相关产品检验人员对相应标准进行了解析，提炼出与强制性认证相关性强的内容，以便与大家共同探讨学习。

一、GB 12441—2005《饰面型防火涂料》

1. 定 义

饰面型防火涂料是指涂覆于可燃基材如木材、纤维板、纸板及其制品的表面后，能形成具有防火阻燃保护及一定装饰作用涂膜的防火涂料（见图 2-1）。

2. 适用场所

饰面型防火涂料现已广泛地用于工业和民用建筑内的木材及其制品、纤维板及其制品、纸板及其制品等可燃性基材，以及燃烧性能等级设计要求为 B1 级的其他室内装修材料，还有各种古建筑的装饰和防火保护（见图 2-2）。

图 2-1　某大型商场室内的木质结构

图 2-2　古建筑的木结构

3. 技术要求

饰面型防火涂料技术指标应符合表 2-1 中的规定。

表 2-1 饰面型防火涂料技术指标

序 号	项 目		技 术 指 标
1	在容器中的状态		经搅拌后呈均匀状态，无结块
2	细度（μm）		≤90
3	干燥时间	表干(h)	≤5
		实干(h)	≤24
4	附着力/级		≤3
5	柔韧性（mm）		≤3
6	耐冲击性（cm）		≥20
7	耐水性		经 24 h 试验，涂膜不起皱，不剥落，起泡在标准状态下 24 h 能基本恢复，允许轻微失光和变色
8	耐湿热性		经 48 h 试验，涂膜无起泡、无脱落，允许轻微失光和变色
9	耐燃时间（min）		≥15
10	火焰传播比值		≤25
11	质量损失（g）		≤5.0
12	炭化体积（cm^3）		≤25

4. 重点试验项目介绍

（1）耐燃时间试验：

① 试验基材 试验基材为一级五层胶合板，厚度为 5 mm ± 0.2 mm，试板尺寸为 900 mm × 900 mm；表面应平整光滑，并保证试板的一面距中心 250 mm 平面内不得有拼缝和节疤。

② 涂覆比值 试件为单面涂覆，其湿涂覆比值为 500 g/m^2，涂覆误差为规定值的 ± 2%；若需分次涂覆，则两次涂覆的间隔时间不得小于 24 h。

③ 状态调节 试件在涂覆饰面型防火涂料后应在温度为 23 ℃ ± 2 ℃ 和相对湿度为 50% ± 5% 的环境条件下调节至质量恒定（相隔 24 h 两次称量其质量变化不大于 0.5%）。

④ 试验次数 进行 3 次试验，取平均值的整数作为其耐燃时间（大板燃烧试验装置和试验照片见图 2-3）。

图 2-3 大板燃烧试验装置和试验照片

（2）火焰传播性能试验：

① 试验基材　试验基材为一级五层胶合板，厚度为 5 mm ± 0.2 mm；试板长为 600 mm、宽 90 mm；试板表面应平整光滑、无节疤和明显缺陷。

② 涂覆比值　试件为单面涂覆其湿涂覆比值为 500 g/m²，涂覆误差为规定值的 ±2%；若需分次涂覆，则两次涂覆的间隔时间不得小于 24 h，且涂刷应均匀。

③ 状态调节　试件在涂覆防火涂料后应在温度为 23 ℃ ± 2 ℃ 和相对湿度为 50% ± 5% 的条件下调节至质量恒定（相隔 24 h 前后两次称量的质量变化不大于 0.5%）。

④ 重复次数　每一防火涂料样品应至少有 5 个试件的重复测试数据（隧道燃烧试验装置见图 2-4）。

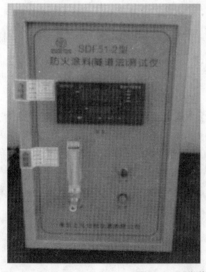

图 2-4　隧道燃烧试验装置

（3）阻火性能试验：

① 试验基材　试验基材选用一级桦木五层胶合板或一级松木五层胶合板，尺寸为 300 mm × 150 mm × (5 ± 0.2) mm；试板表面应平整光滑，无节疤拼缝或其他缺陷。

② 涂覆比值　试件为单面涂覆，其湿涂覆比值为 250 g/m²（不包括封边），涂覆误

差为规定值的 2%，并先将防火涂料涂覆于试板四周封边，24 h 后再将防火涂料均匀地涂覆于试板的另一表面；若需分次涂覆时，则两次涂覆的时间间隔不得小于 24 h，且涂刷应均匀。

③ 状态调节　试板在涂覆防火涂料后应在温度为 23 ℃±2 ℃和相对湿度为 50%±5%的条件下状态调节至质量恒定（相隔 24 h 前后两次称量的质量变化不大于 0.5%）。

④ 试件数量　每组试验应制备 10 个试件（小室燃烧试验装置见图 2-5）。

图 2-5　小室燃烧试验装置

4. 出厂检验项目

出厂检验项目主要包括在容器中的状态、细度、干燥时间、附着力、柔韧性、耐冲击性、耐水性、耐湿热性及耐燃时间九项。

二、GB 14907—2002《钢结构防火涂料》

1. 定 义

钢结构防火涂料是指施涂于建筑物及构筑物的钢结构表面后能形成耐火隔热保护层以提高钢结构耐火极限的涂料。

2. 适用场所

钢结构防火涂料主要适用于建筑物室内、外或隐蔽、露天工程的钢结构表面。

3. 技术要求

室内钢结构防火涂料的技术指标须符合表 2-2 中的规定，室外钢结构防火涂料的技术指标须符合表 2-3 中的规定。

表 2-2 室内钢结构防火涂料技术指标

序号	检验项目		技术指标		
			NCB	NB	NH
1	在容器中的状态		经搅拌后呈均匀细腻状态，无结块	经搅拌后呈均匀液态或稠厚流体状态，无结块	经搅拌后呈均匀稠厚流体状态，无结块
2	干燥（表干）时间（h）		≤8	≤12	≤24
3	外观与颜色		涂层干燥后，外观与颜色同样品相比无明显差别	涂层干燥后，外观与颜色同样品相比无明显差别	/
4	初期干燥抗裂性		不应出现裂纹	允许出现 1~3 条裂纹，其宽度≤0.5 mm	允许出现 1~3 条裂纹，其宽度≤1 mm
5	黏结强度（MPa）		≥0.20	≥0.15	≥0.04
6	抗压强度（MPa）		/	/	≥0.3
7	干密度（kg/m³）		/	/	≤500
8	耐水性（h）		≥24，涂层无起层、发泡、脱落现象	≥24，涂层无起层、发泡、脱落现象	≥24，涂层无起层、发泡、脱落现象
9	耐冷热循环性（次）		≥15，涂层无开裂、剥落、起泡现象	≥15，涂层无开裂、剥落、起泡现象	≥15，涂层无开裂、剥落、起泡现象
10	耐火性能	涂层厚度（mm）	≤2.00±0.20	≤5.0±0.5	≤25±2
		耐火极限(h)，以 I36b 或 I40b 标准工字钢梁作基材	≥1.0	≥1.0	≥2.0

表 2-3 室外钢结构防火涂料技术指标

序号	检验项目	技术指标		
		WCB	WB	WH
1	在容器中的状态	经搅拌后细腻状态，无结块	经搅拌后呈均匀液态或稠厚流体状态，无结块	经搅拌后呈均匀稠厚流体状态，无结块
2	干燥（表干）时间（h）	≤8	≤12	≤24
3	外观与颜色	涂层干燥后，外观与颜色同样品相比无明显差别	涂层干燥后，外观与颜色同样品相比无明显差别	/
4	初期干燥抗裂性	不应出现裂纹。	允许出现 1~3 条裂纹，其宽度≤0.5 mm	允许出现 1~3 条裂纹，其宽度≤1 mm

序号	检验项目		技术指标		
			WCB	WB	WH
5	黏结强度（MPa）		≥0.20	≥0.15	≥0.04
6	抗压强度（MPa）		/	/	≥0.5
7	干密度（kg/m³）		/	/	≤650
8	耐曝热性（h）		≥720，涂层无起层、脱落、空鼓、开裂现象	≥720，涂层无起层、脱落、空鼓、开裂现象	≥720，涂层无起层、脱落、空鼓、开裂现象
9	耐湿热性（h）		≥504，涂层无起层、脱落现象	≥504，涂层无起层、脱落现象	≥504，涂层无起层、脱落现象
10	耐冻融循环性（次）		≥15，涂层无开裂、脱落、起泡现象	≥15，涂层无开裂、脱落、起泡现象	≥15，涂层无开裂、脱落、起泡现象
11	耐酸性（h）		≥360，涂层无起层、脱落、开裂现象	≥360，涂层无起层、脱落、开裂现象	≥360，涂层无起层、脱落、开裂现象
12	耐碱性（h）		≥360，涂层无起层、脱落、开裂现象	≥360，涂层无起层、脱落、开裂现象	≥360，涂层无起层、脱落、开裂现象
13	耐盐雾腐蚀性（次）		≥30，涂层无起泡，明显的变质、软化现象	≥30，涂层无起泡，明显的变质、软化现象	≥30，涂层无起泡，明显的变质、软化现象
14	耐火性能	涂层厚度（mm）	2.00±0.20	5.0±0.5	25±2
		耐火极限（h），以 I36b 或 I40b 标准工字钢梁作基材	1.0	1.0	2.0

4. 钢结构防火涂料施工和养护的重要性

不同企业的产品，其施工工艺也是经过研发和钻研获得一个方案，部分理化性能试验需要制样和养护，因此其施工和养护更是重要（见图 2-6）。

图 2-6　施工工件的养护

5. 出厂检验项目

出厂检验项目主要包括外观与颜色、在容器中的状态、干燥时间、初期干燥抗裂性、耐水性、干密度、耐酸性或耐碱性（附加耐火性能除外）等。

三、GB 28374—2012《电缆防火涂料》

1. 定 义

电缆防火涂料是一种集装饰和防火为一体的涂料产品。当把这种防火涂料涂覆于可燃电缆（以橡胶、聚乙烯、聚氯乙烯、交联聚乙烯等材料作为绝缘料和护套料而制成的电缆）基材表面时，不但平时具有一定的装饰作用，而且一旦发生火灾，则能迅速阻止火焰蔓延，达到保护可燃电缆基材的目的。

2. 适用场所

电缆防火涂料目前已广泛应用于火灾危险性极大而又必须进行防火保护的电缆上（见图 2-7），因此电缆防火涂料产品质量的优劣直接关系到人民生命财产的安全。

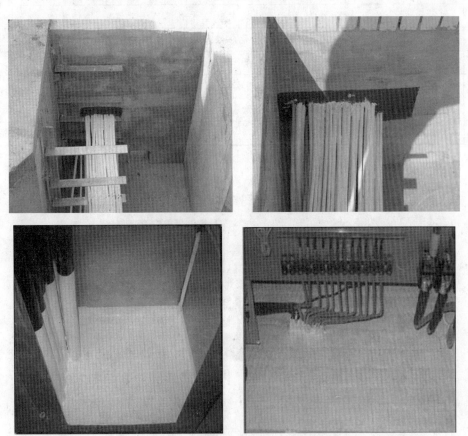

图 2-7 电缆防火涂料的应用图片

3. 电缆防火涂料在相关规范中的规定

《电力工程电缆设计规范》（GB 50217）6.2.11 中规定：金属构件外表面施加防火涂层，其防火涂层应符合现行国家标准《电缆防火涂料通用技术条件》（GA181）中的有关规定；7.0.15 中规定：电缆用防火阻燃材料产品的选用，应符合现行国家标准《电缆防火涂料通用技术条件》（GA181）中的有关规定。

4. 技术要求

电缆防火涂料技术指标应符合表 2-4 中的规定。

表 2-4　电缆防火涂料技术指标

序号	项　目		技术指标
1	在容器中的状态		无结块，经搅拌后呈均匀状态
2	细度（μm）		≤90
3	黏度（s）		≥70
4	干燥时间	表干（h）	≤5
		实干（h）	≤24
5	耐油性（d）		浸泡 7d，涂层无起皱、无剥落、无起泡
6	耐盐水性（d）		浸泡 7d，涂层无起皱、无剥落、无起泡
7	耐湿热性（d）		经过 7d，涂层无开裂、无剥落、无起泡
8	耐冻融循环（次）		经 15 次循环，，涂层无起皱、无剥落、无起泡
9	抗弯性		涂层无起层、无脱落、无剥落
10	阻燃性（m）		≤2.50

5. 主要试验装置及试验图片

主要试验装置及试验图片如图 2-8 至图 2-12 所示。

图 2-8　电缆防火涂料及其燃烧试验前后的照片

图 2-9　电缆防火涂料燃烧性能试验装置

图 2-10　检测细度和黏度的试验设备

图 2-11　耐油性、耐盐性试验

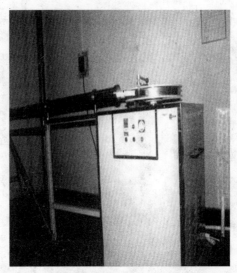

图 2-12　抗弯性试验装置

6. 出厂检验项目

出厂检验项目主要有在容器中的状态、细度、黏度、干燥时间、抗弯性、耐油性、耐盐水性等。

四、GB 28375—2012《混凝土结构防火涂料》

1. 定　义

混凝土结构防火涂料是指涂覆在石油化工储罐区防火堤等建（构）筑物和公路、铁路、城市交通隧道混凝土表面后能形成耐火隔热保护层以提高其结构耐火极限的防火涂料。

2. 适用范围

GB 28375—2012 适用于公路、铁路、城市交通隧道和石油化工储罐区防火堤等建（构）筑物混凝土表面的防火涂料。

3. 分　类

混凝土结构防火涂料按使用场所的不同可分为防火堤防火涂料（DH）（用于石油化工储罐区防火堤混凝土表面的防护）和隧道防火涂料（SH）（用于公路、铁路、城市交通隧道混凝土结构表面的防护）两种。

4. 技术要求

防火堤防火涂料的技术指标应符合表 2-5 中的规定，隧道防火涂料的技术指标应符合表 2-6 的规定。

表 2-5　防火堤防火涂料的技术指标

序号	检验项目	技术指标
1	在容器中的状态	经搅拌后呈均匀稠厚流体，无结块
2	干燥时间，表干（h）	≤24
3	黏结强度（MPa）	≥0.15（冻融前）
		≥0.15（冻融后）
4	抗压强度（MPa）	≥1.50（冻融前）
		≥1.50（冻融后）
5	干密度（kg/m³）	≤700
6	耐水性（h）	≥720，涂层不开裂、起层、脱落，允许轻微发胀和变色
7	耐酸性（h）	≥360，涂层不开裂、起层、脱落，允许轻微发胀和变色
8	耐碱性（h）	≥360，涂层不开裂、起层、脱落，允许轻微发胀和变色
9	耐曝热性（h）	≥720，涂层不开裂、起层、脱落，允许轻微发胀和变色
10	耐湿热性（h）	≥720，涂层不开裂、起层、脱落，允许轻微发胀和变色
11	耐冻融循环试验（次）	≥15，涂层不开裂、起层、脱落，允许轻微发胀和变色
12	耐盐雾腐蚀性（次）	≥30，涂层不开裂、起层、脱落，允许轻微发胀和变色
13	产烟毒性	不低于 GB/T 20285—2006 规定材料产烟毒性危险分级 ZA_1 级
14	耐火性能（h）	≥2.00（标准升温）
		≥2.00（HC 升温）
		≥2.00（石油化工升温）

注：型式检验时，可选择一种升温条件进行耐火性能的检验和判定。

表 2-6　隧道防火涂料的技术指标

序号	检验项目	技术指标
1	在容器中的状态	经搅拌后呈均匀稠厚流体，无结块
2	干燥时间，表干（h）	≤24
3	黏结强度（MPa）	≥0.15（冻融前）
		≥0.15（冻融后）
4	干密度（kg/m³）	≤700
5	耐水性（h）	≥720，试验后，涂层不开裂、起层、脱落，允许轻微发胀和变色
6	耐酸性（h）	≥360，试验后，涂层不开裂、起层、脱落，允许轻微发胀和变色
7	耐碱性（h）	≥360，试验后，涂层不开裂、起层、脱落，允许轻微发胀和变色
8	耐湿热性（h）	≥720，试验后，涂层不开裂、起层、脱落，允许轻微发胀和变色
9	耐冻融循环试验（次）	≥15，试验后，涂层不开裂、起层、脱落，允许轻微发胀和变色
10	产烟毒性	不低于 GB/T 20285—2006 规定产烟毒性危险分级 ZA_1 级
11	耐火性能（h）	≥2.00（标准升温）
		≥2.00（HC 升温）
		升温≥1.50，降温≥1.83（RABT 升温）

注：型式检验时，可选择一种升温条件进行耐火性能的检验和判定。

5. 出厂检验项目

出厂检验项目主要包括在容器中的状态、干燥时间、干密度、耐水性、耐酸性、耐碱性等。

五、GB 23864—2009《防火封堵材料》

1. 定 义

防火封堵材料是指用于密封或填塞建筑物、构筑物以及各类设施中的贯穿孔洞、环形缝隙及建筑缝隙，具有防火、防烟功能，且便于更换的一种封堵材料。这种材料常用于电缆、风管、油管、天然气管等穿过墙（仓）、楼（甲）板时形成的各种开口以及电缆桥架的分段分隔。在实际工程中，更多的表现形式是采用防火封堵组件，即几种封堵材料与贯穿物或设施配合使用，以满足设施的功能需要并达到更好的防火功效。

2. 适用范围

GB 23864—2009 适用于建筑物、构筑物以及各类设施中的各种贯穿孔洞、构造缝隙所使用的防火封堵材料或防火封堵组件（建筑配件内部使用的防火膨胀密封件和硬聚氯乙烯建筑排水管道阻火圈除外）。

3. 产品分类

GB 23864—2009 按产品的组成和形状特征将其分为 9 类，除柔性有机堵料、无机堵料、阻火包外，还增加了阻火模块、防火封堵板材、泡沫封堵材料、防火密封胶、缝隙封堵材料、阻火包带，这 9 类产品按其使用场合又可分为孔洞用、缝隙用、管道贯穿用三类。

4. 检验项目

GB 23864—2009 中的检验项目包括理化性能、耐火性能和燃烧性能，其中耐火性能和燃烧性能的缺陷类别为 A 类。以下重点介绍耐火性能、燃烧性能的技术要求，以及柔性有机堵料、无机堵料、阻火包的理化性能指标的变化。

（1）耐火性能。耐火性能应符合表 2-7 中的规定，并需要注意以下几点：

① 耐火试验试件基材的厚度：墙体 200 mm，楼板 120 mm；

② 试件基材孔洞大小：对无机堵料和阻火包应为 600×800 mm 大孔洞，对有机堵料应为 1 个 510×110 mm 的矩形小孔洞；

③ 贯穿物类型和排列：无缝钢管、单根电缆（铜芯）、电缆束（铜芯）、桥架；

④ 试件在其他方面及防火堵料品种引起的不同构造方式:采用了铜芯电缆符合工程实际要求，但相应地比铝芯电缆传热更快，使试件背火面温度增长也较快；当然，同等情况下试件基材及构造均发生了变化，其检验结果肯定会有所不同。

表 2-7　防火封堵材料耐火性能级别对应的耐火性能技术指标

序号	技术参数	耐火极限		
		1	2	3
1	耐火完整性（h）	≥1.00	≥2.00	≥3.00
2	耐火隔热性（h）	≥1.00	≥2.00	≥3.00

（2）燃烧性能。燃烧性能（除无机堵料外）应满足表 2-8 中的规定。

表 2-8　防火封堵材料燃烧性能技术指标

序号	分类	检验依据	技术指标
1	阻火包用织物	GB/T 5455（纺织品、燃烧性能试验、垂直法）	损毁长度≤150 mm，续燃时间≤5 s，阴燃时间≤5 s，且燃烧滴落物未引起脱脂棉燃烧或阴燃
2	柔性有机堵料	GB/T 2408—2008（塑料燃烧性能试验方法、水平法和垂直法）	水平燃烧性能不低于 HB 级
3	防火密封胶		
4	泡沫封堵材料	GB/T 8333（硬质泡沫塑料燃烧性能试验方法、垂直燃烧法）	平均燃烧时间≤30 s，平均燃烧高度高度>250 mm.
5	阻火模块	GB/T 2408—2008（塑料燃烧性能试验方法、水平法和垂直法）	垂直燃烧性能不低于 V-0 级
6	防火封堵板材		
7	缝隙封堵材料		
8	阻火包带		

（3）柔性有机堵料、无机堵料、阻火包的理化性能指标。在 GB 23864—2009 中，柔性有机堵料和无机堵料除了原有的项目外，还增加了耐湿热性和耐冻融循环性；阻火包则增加了耐湿热性、耐冻融循环性、膨胀性能，且去掉了抗压强度。

5. 标准中的难点

GB 23864—2009 中的难点当属针对耐火试验的试件的制作与安装。该标准强调了实际使用的重要性，但同时也给试验安装带来了一定的难度，主要体现在以下几个方面。

（1）进行耐火试验时对试件的要求为：试件所用的材料、制作工艺、拼接与安装方法应足以反映相应构件在实际使用中的情况。为了使试验能够实施而进行的安装方式的修改对试验结果应无重大影响，并应对修改作详细说明。

（2）对试件制作的规定为：防火封堵材料在进行产品质量判定时，试件的制作可选择本标准中规定的标准试件的制作方式。针对实际工程应用的试件，试件的制作应与实际使用情况一致。当按实际工程应用制作的试件已包含标准试件中的所有贯穿物及其组合方式时，若其耐火性能达到规定要求，该试验结果也可用于对产品进行质量判定。

（3）对于电缆受火端用所测试的堵料封头（封头长度 50 mm，厚度 25 mm）的规定为：暴露于火场的电缆长度为 300 mm；穿管受火端用所测试的堵料堵塞管内径，堵塞长度为 100 mm，穿管伸出试件受火面内 300 mm；贯穿物的长度为 1 500 mm。

（4）对背火面的贯穿物或支架的规定为：应采用适当的方式固定，以防止贯穿物或支架在试验前或试验过程中滑落。

① 孔洞用防火封堵材料试件：孔洞用防火封堵材料标准试件应包含混凝土框架、贯穿物、支架和孔洞用防火封堵材料等部分，标准试件的尺寸和详细制作要求见图 2-13。无机堵料、阻火包、阻火模块、防火封堵板材等按图 2-13 安装；柔性有机堵料和泡沫封堵材料，则按图 2-14 安装。

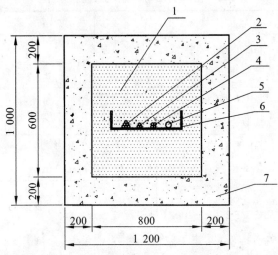

1—封堵材料；2—6 根 7×1.5 mm² KVV；3—3 根 3×50+1×25 mm² YJV 电缆；4—4 根 3×50+1×25 mm² YJV 电缆；5—DN32 钢管；6—不带孔钢质电缆桥架（50 mm 宽，高 100 mm，1.5 mm 厚）；7—C30 混凝土框架

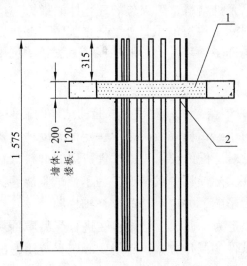

俯视图

1—封堵材料；2—热电偶

图 2-13　电缆贯穿标准试件的安装方式

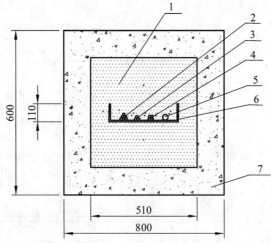

1—封堵材料；2—6 根 7×1.5 mm²KVV；3—3 根 3×50＋1×25 mm²YJV 电缆；4—4 根 3×50＋1×25 mm²YJV 电缆；
5—DN32 钢管；6—不带孔钢质电缆桥架（50 mm 宽，高 100 mm，1.5 mm 厚）；7—C30 混凝土框架

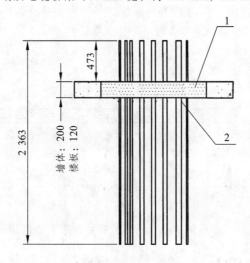

俯视图

1—封堵材料；2—热电偶

图 2-14　柔性有机堵料、泡沫封堵材料电缆贯穿标准试件的安装方式

② 缝隙用防火封堵材料试件：缝隙用防火封堵材料标准试件应包含混凝土框架、固定支架及结构缝隙用防火封堵材料等部分，试件应包括与防火封堵材料性能相适应的最大和最小两种固定缝隙宽度，其宽度由委托方确定，必要时可包括可移动缝隙。标准试件的尺寸和详细制作要求见图 2-15。

如果缝隙用防火封堵材料具有封堵变形缝隙的能力，那么对于允许缝隙在使用过程中发生一定变形的缝隙封堵材料，在进行耐火性能试验前，缝隙应移动至其变形率为 100%时的位置；对于允许缝隙在试验过程中发生一定变形的缝隙封堵材料，在试验过程中其缝隙应由其允许变形率的 20%逐渐移动至其允许变形率的 100%，缝隙移动的时间必须控制在耐火试验开始后的前 60 分钟以内。

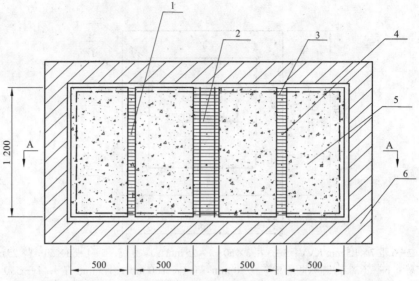

1—最小封堵缝隙；2—最大封堵缝隙；3—可变封堵缝隙；4—热电偶；
5—可移动 C30 混凝土版（可沿平行及剪切方向移动）；6—钢质框架

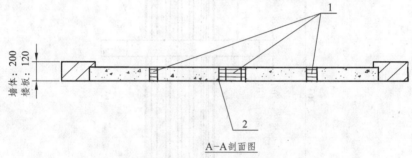

A—A 剖面图
1—缝隙封堵材料；2—热电偶

图 2-15　缝隙封堵标准试件的安装方式（单位：mm）

③ 塑料管道用防火封堵材料（阻火包带）试件：塑料管道用防火封堵材料（阻火包带）标准试件应包含混凝土框架、塑料管、支架及塑料管道用防火封堵材料等部分，标准试件的尺寸和详细制作要求见图 2-16。

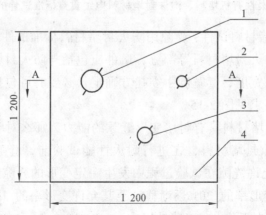

1—大直径管道；2—小直径管道；3—中直径管道；4—C30 混凝土框架

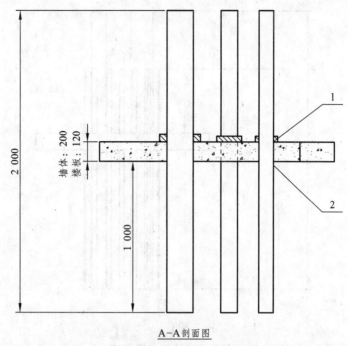

A-A剖面图

1—封堵材料；2—热电偶

图 2-16 管道贯穿标准试件的安装方式（单位：mm）

④ 防火封堵组件试件：防火封堵组件标准试件应包含混凝土框架、贯穿物、支架、防火封堵材料和耐火隔热材料等部分，标准试件的尺寸和详细制作要求见图 2-17。

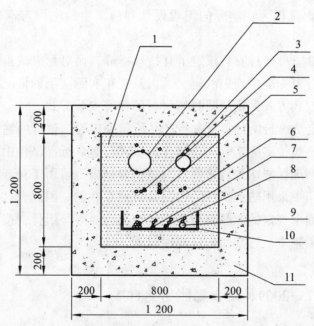

1—防火封堵组件；2，3—PE 管道；4，7—3 根 3×50+1×25 mm² YJV 电缆；5，8—4 根 3×50+1×25 mm² YJV 电缆；6—6 根 7×1.5 mm² KVV 电缆；9—钢管；10—500 mm 宽钢质无幻电缆桥架（50 mm 宽，高 100 mm，1.5 mm 厚）；
11—C30 混凝土框架

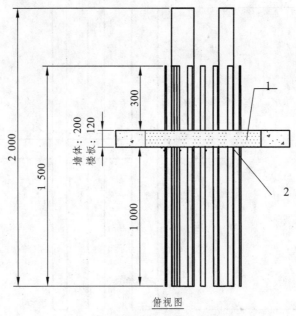

俯视图

1—防火封堵组件；2—热电偶

图 2-17   防火封堵组件标准试件的安装方式（单位：mm）

6. 需要关注的问题

（1）根据相关设计和验收规范，作为阻火段，敷设在钢桥架上的电缆与钢桥架底部应悬起一定的距离，可用阻火包或有机堵料填实。这并非是说钢桥架导热会影响到最终的检验结果，而是因为在实际的工程设计和施工中，电缆与钢桥架之间留有一定的距离。

（2）标准中针对防火密封胶只规定了其技术指标，而对耐火试验的安装方式却没有明确规定。那么，针对标准中规定的定义，以及工程实际应用的情况，建议防火密封胶的耐火试验的标准安装方式采用缝隙封堵材料的标准安装方式。

（3）标准中规定防火封堵材料在进行产品质量判定时，试件的制作可选择规定的标准试件的制作方式。当按实际工程应用制作的试件已包含标准试件中的所有贯穿物及其组合方式时，若其耐火性能达到规定要求，该试验结果也可用于对产品进行质量判定，而且在实际工程应用中采用防火组件的情况是普遍存在的。因此，这就可能带来大家需要思考的问题：标准中规定的产品是指单一的产品，而不是组件，按组件试验的结果怎样来对产品进行质量判定，这是我们需要探讨的。

六、GB 16807—2009《防火膨胀密封件》

1. 定 义

（1）防火膨胀密封件（fire intumescent seals）：火灾时遇火或高温作用能够膨胀，且能辅助建筑构配件使之具有隔火、隔烟、隔热等防火密封性能的产品。

（2）复合膨胀体（intumescent assembly）：防火膨胀密封件在应用状态下所必须的膨胀体和附属层等附属部分构成的整体。

（3）膨胀体（intumescent components）：复合膨胀体中遇火或受高温作用能够膨胀的部分材料。

2. 适用范围

GB 16807—2009 适用于防火门、防火窗、防火卷帘、防火阀、防火玻璃、隔墙等建筑构配件使用的具有防火密封功能的防火膨胀密封件。车、船、飞机中的防火膨胀密封件也可参照使用。

3. 分 类

防火膨胀密封件分 A 型和 B 型，即单面保护层的为 A 型，异型的为 B 型。

4. 技术要求

（1）外观：防火膨胀密封件的外露面应平整、光滑，不应有裂纹、压抗、厚度不匀、膨胀体明显脱落或粉化等缺陷。

（2）尺寸允许偏差：防火膨胀密封件的尺寸允许偏差须符合表 2-9 中的规定。

表 2-9　防火膨胀密封件的尺寸允许偏差

类　型	尺寸允许偏差	
	膨胀体宽度	膨胀体厚度
A 型	±1.0（mm）	±1.0（mm）
B 型	±10%	

（3）膨胀性能：防火膨胀密封件的膨胀体应按规定的方法试验，测得膨胀体的膨胀倍率 $\bar{n}$ 与企业公布值 n_0 的偏差值应不大于 15%。

（4）产烟毒性：防火膨胀密封件的复合膨胀体应按规定方法试验，其烟气毒性的安全级别应不低于 GB 20285—2006 规定的 ZA_2 级。

（5）发烟密度：防火膨胀密封件的复合膨胀体应按规定方法试验，其烟密度等级 SDR 应不大于 35。

（6）耐空气老化性能：

① 防火膨胀密封件的复合膨胀体应按规定方法试验，试验后用玻璃棒按压防火膨胀密封件表面，应无明显粉化、脱落现象。

② 空气老化试验后膨胀体的膨胀倍率应不小于初始膨胀倍率 $\bar{n}$。

（7）耐水性：

① 防火膨胀密封件的复合膨胀体应按规定的方法进行耐水性试验，试验后防火膨胀

密封件应无明显溶蚀、溶胀、粉化、脱落等现象。

②耐水性试验后复合膨胀体的质量变化率应不大于5%。

③耐水性试验后防火膨胀密封件膨胀体的膨胀倍率应不小于初始膨胀倍率$\bar{n}$。

（8）耐酸性：

①防火膨胀密封件的复合膨胀体应按规定的方法进行耐酸性试验，试验后防火膨胀密封件应无明显溶蚀、溶胀、粉化、脱落等现象。

②耐酸性试验后防火膨胀密封件的质量变化率应不大于5%。

③耐酸性试验后防火膨胀密封件的膨胀倍率应不小于初始膨胀倍率$\bar{n}$。

（9）耐碱性：

①防火膨胀密封件的复合膨胀体应按规定的方法进行耐碱性试验，试验后防火膨胀密封件应无明显溶蚀、溶胀、粉化、脱落等现象。

②耐碱性试验后防火膨胀密封件的质量变化率应不大于5%。

③耐碱性试验后防火膨胀密封件的膨胀倍率应不小于初始膨胀倍率$\bar{n}$。

（10）耐冻融循环性：

①防火膨胀密封件的复合膨胀体应按规定的方法进行耐冻融循环性试验，试验后防火膨胀密封件应无明显溶蚀、溶胀、粉化、脱落等现象。

②耐冻融循环性试验后防火膨胀密封件的膨胀倍率应不小于初始膨胀倍率$\bar{n}$。

（11）防火密封性能：防火门用防火膨胀密封件应按其使用说明书规定的安装方法将防火膨胀密封件安装到防火门上，并按规定方法试验，防火膨胀密封件使用部位的耐火完整性应符合GB 7633的规定。

对于用于其他建筑构件或特定用途的防火膨胀密封件，应按体现其实际应用状态的方式安装试验，试验结果应符合相应建筑构件的产品标准要求

5. 出厂检验检验项目

出厂检验检验项目主要以怨报德外观、尺寸允许偏差、膨胀性能、耐空气老化性能、耐水性、耐酸性、耐碱性等。

七、GA 304—2012《塑料管道阻火圈》

1. 定 义

塑料管道阻火圈是指由金属等材料制作的壳体和阻燃膨胀芯材组成的套圈，套在塑料管道外壁，遇火时其芯材能够迅速膨胀，并挤压管道使之封堵，以阻止火势沿管道蔓延。

2. 适用范围

GB 304—2012适用于工业与民用建筑内部硬聚氯乙烯（PVC）塑料排水管道用阻火圈，其他塑料管道阻火圈也可参照使用。

3. 分 类

（1）塑料管道阻火圈（以下简称阻火圈）按其所适用塑料管道的公称外径划分，可分为 75，110，125，160，200 等系列。

（2）按阻火圈所适用塑料管道的安装方向划分，可分为水平（SP）和垂直（CZ）。

（3）按阻火圈的安装方式划，可分为明装（MZ）和暗装（AZ）（见图 2-18）。

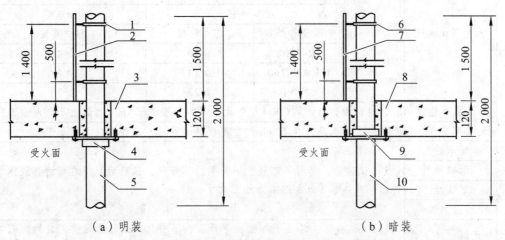

（a）明装　　　　　　　　　（b）暗装

1, 6—管卡；2, 7—支撑件；3, 8—C30混凝土框架；4, 9—管道阻火圈；5, 10—塑料管道

图 2-18　塑料管道阻火圈的明装和暗装图

（4）按阻火圈的耐火性能划分，可分为极限耐火时间 1.00 h，1.50 h，2.00 h，2.50 h，3.00 h 五个等级。

4. 技术要求

（1）耐火性能：塑料隧道阻火圈的耐火性能应符合表 2-10 中的规定，耐火性能缺陷类别为 A 类。

表 2-10　阻火圈的耐火性能指标

检验项目	耐火性能				
耐火时间（h）	≥1.00	≥1.50	≥2.00	≥2.50	≥3.00

① 耐火性能试验装置应符合 GB/T 9978.1 规定的耐火试验炉、热电偶、炉内压力测量探头、棉垫等测量仪器设备。

② 判定准则：a. 耐火完整性　试验过程中，当试件背火面出现点燃棉垫或有连续 10 s 以上火焰穿出中的任一种情况时即表明试件已丧失完整性。b. 耐火隔热性　试验过程中，当试件背火面任何一点温升超过 180 ℃时即表明试件已丧失隔热性。

（2）阻火圈的理化性能应符合表 2-11 的规定。

表 2-11 阻火圈的理化性能指标

序号	检验项目		技术指标	
1	外观	壳 体	不应出现缺角、断裂、脱焊等现象,表面不应出现肉眼可见锈迹和锈点,有覆盖层的其覆盖层不应出现开裂、剥落或脱皮等现象	
		芯 材	不应出现粉化现象	
2	尺寸(mm)	壳体基材	材 质	厚 度
			不锈钢板	≥0.6
			其 它	≥0.8
		芯 材	管道公称外径	芯材厚度	芯材高度
			$R<110$	≥10	≥40
			$110≤R<160$	≥13	≥48
			$R≥160$	≥23	≥70
3	膨胀性能		芯材的初始膨胀体积($\bar{n}$)与企业公布的膨胀体积(n_0)的偏差不应大于±15%	
4	耐盐雾腐蚀性		壳体经 5 个周期,共 120 h 的盐雾腐蚀试验后,其外观应无明显变化	
5	耐水性		5 d 试验后,芯材不溶胀、不开裂、不粉化,试验后测得芯材的膨胀体积与初始膨胀体积($\bar{n}$)的偏差不应大于±15%	
6	耐碱性			
7	耐酸性			
8	耐湿热性			
9	耐冻融循环试验		15 次试验后,芯材不溶胀、不开裂、不粉化,试验后测得芯材的膨胀体积与初始膨胀体积($\bar{n}$)的偏差不应大于±15%	

5. 出厂检验项目

出厂检验项目主要包括外观、尺寸、耐水性、耐酸性、耐碱性等,必要时可按产品特点和预定用途或合同规定增加检验项目。

八、GB 29415—2013《耐火电缆槽盒》

1. 定 义

(1)耐火电缆槽盒:电缆桥架系统中的关键部位,由无孔托盘或有孔托盘和盖板组成,能满足规定的耐火维持工作时间要求,用于铺装并支撑电缆及相关连接器件的连续刚性结构体。

(2)耐火维持工作时间:在标准温升条件下进行耐火性能试验,自试验开始至槽盒试样内电缆所连接 3A 熔丝熔断的时间。

(3)附加荷载:耐火性能试验时施加在槽盒上的荷载,其值为槽盒试样的额定荷载与试验时敷设在槽盒内电缆自重的差值。

2. 适用范围

GB 29415—2013 适用于工业与民用建筑中室内环境使用的、敷设 1 kV 以下电缆的耐火电缆槽盒(见图 2-19),室外环境使用的耐火电缆槽盒可参考本标准。

图 2-19 室内耐火电缆槽盒铺装照片

3. 产品分类

（1）分类与代号：

① 耐火电缆槽盒按结构形式分为以下两类（分类与代号见表 2-12）：

a. 复合型和普通型，其中复合型又可分为空腹式和夹芯式；

b. 非透气性和透气性。

表 2-12 槽盒按结构形式分类与代号

结构形式		复合型		普通型
		空腹式	夹芯式	
非透气型	代号	FK	FX	P
	结构示意图			
透气型	代号	TFK	TFK	TP
	结构示意图			

② 槽盒耐火性能分为四级，见表 2-13。

表 2-13　槽盒耐火性能分级

耐火性能分级	F1	F2	F3	F4
耐火维持工作时间/mm	≥90	≥60	≥45	≥30

（2）型号。槽盒的型号编制方法如下：

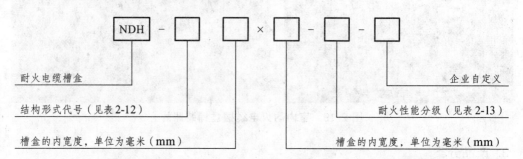

示例 1：结构形式为普通型且是透气型，内部宽度为 400 mm，高度为 150 mm，耐火性能为 F1 级（耐火维持工作时间≥90 min），企业自定义型号内容为 abc，则槽盒的型号表示为：NDH-TP 400×150-F1-abc。

示例 2：结构形式为复合型夹芯式且是非透气型，内部宽度为 600 mm，高度为 150 mm，耐火性能为 F2 级（耐火维持工作时间≥60 min），企业自定义型号内容为 abc，则槽盒的型号表示为：NDH-FX 600×150-F2-abc。

（3）规格。槽盒的规格通常以槽盒内部宽度与高度表示，其常用规格见表 2-14。

表 2-14　槽盒常用规格

槽盒内宽度（mm）	槽盒内高度（mm）						
	40	50	60	80	100	150	200
60	√	√					
80	√	√	√				
100	√	√	√	√			
150	√	√	√		√		
200		√	√	√	√	√	
250		√	√		√	√	√
300			√	√	√	√	√
350			√	√	√	√	√
400			√	√	√	√	√
450			√	√	√	√	√
500			√		√	√	√
600			√		√	√	√
800					√	√	√
1 000					√	√	√

4. 技术要求

（1）外观：

① 槽盒各部件表面应平整，不允许有裂纹、压坑，以及明显的凹凸、锤痕、毛刺等缺陷。

② 槽盒的焊接表面应光滑，不允许有气孔、夹渣、疏松等缺陷。

③ 槽盒涂覆部件的防护层应均匀，不应有剥落、起皮、凸起、漏涂或流淌等缺陷。

④ 槽盒标志铭牌的施加应牢固、可靠，铭牌字体清晰、易读，其内容应包括：

a. 产品名称、型号规格；

b. 生产日期、产品编号；

c. 生产厂名称、地址；

d. 产品商标；

e. 执行标准编号。

（2）材料及表面处理：

① 槽盒制作使用的材料、结构等应符合设计要求。

② 槽盒制作采用金属板材的，其板材的最小厚度应符合 CECS 31：2006 中 3.6.2 的规定。

③ 槽盒制作采用非金属板材的，其燃烧性能应符合 GB 8624 规定的 A 级。

④ 槽盒制作选用夹芯材料的，其燃烧性能应符合 GB 8624 规定的 A 级。

⑤ 槽盒金属部件表面应根据不同使用环境需求进行镀锌或涂层等防腐蚀处理，防腐蚀处理质量应符合 CECS 31：2006 中 3.6.16，3.6.17，3.6.18 和 3.6.19 的规定。

⑥ 槽盒表面涂覆钢结构防火涂料进行防火保护时，其涂料性能应符合 GB 14907 的规定。

（3）承载能力：槽盒制作厂应在技术文件中标明槽盒的额定均布荷载，且槽盒在承受额定均匀荷载时的最大挠度与其跨度之比不应大于 1/200。

（4）防护等级：槽盒作为铺设电缆及相关连接部件的外壳，其防护等级不应低于 GB 4208—2008 规定的 IP40。

（5）耐火性能：槽盒的耐火性能应符合表 2-11 中的规定。

5. 重点试验项目（耐火性能）

（1）试验条件：槽盒在耐火性能试验炉内的受火条件为四面受火，在监督检验时，可根据桥架的具体安装情况决定槽盒的受火面范围。

（2）试件要求：

① 试件的受火总长度不应小于 4 mm，且至少应包含一个接头。

② 试件中的连接件应与实际使用情况相符。

③ 支撑方式可采用柱或吊架支撑，支撑结构由试验室提供（如委托方有特殊要求，可自备支撑结构），其高度应使槽盒满足四面受火的要求，并保证槽盒顶面与耐火性能试验炉炉顶内侧的距离不小于 550 mm。

（3）试验程序：将电缆通电，并调整试验变压器，使施加在试验电缆上的电压为其额定电压时开始试验。试验过程中，若 3A 熔丝熔断，则表明槽盒已不能维持其内部电缆继续工作，此时即为槽盒的耐火维持工作时间，试验即可终止；若 3A 熔丝虽未熔断，但已达到预期的耐火性能试验时间要求，也可终止试验（见图 2-20 至图 2-22）。

图 2-20　耐火性能试验设备

图 2-21　槽盒试验前

图 2-22　槽盒试验后

6. 出厂检验项目

在（4. 技术要求）规定的项目中，（1）为全检项目，应对槽盒产品逐件进行检验；（2）~（5）为抽样检验项目，生产企业（厂）应制定具体抽样检验方案。

九、GB 16809—2008《防火窗》

1. 定　义

（1）固定式防火窗：无可开启窗扇的防火窗。

（2）活动式防火窗：有可开启窗扇，且装配有窗扇启闭控制装置的防火窗。

（3）隔热防火窗（A类）：在规定时间内，能同时满足耐火隔热性和耐火完整性要求的防火窗。

（4）非隔热防火窗（C类）：在规定时间内，能满足耐火完整性要求的防火窗。

（5）窗扇启闭控制装置：活动式防火窗中，控制活动窗扇开启、关闭的装置。该装置具有手动控制启闭窗扇功能，且至少具有易熔合金件或玻璃球等热敏感元件自动控制关闭窗扇的功能。（窗扇的启闭控制方式可以附加有电动控制方式，如电信号控制电磁铁关闭或开启、电信号控制电机关闭或开启、电信号气动机构关闭或开启等）。

（6）窗扇自动关闭时间：从活动式防火窗进行耐火性能试验开始计时，至窗扇自动可靠关闭的时间。

2. 适用范围

GB 16809—2008 中规定了防火窗的产品命名、分类与代号、规格与型号、要求、试验方法、检验规则、标志、包装、运输和贮存等，适用于建筑中具有采光功能的钢质防火窗、木质防火窗和钢木复合防火窗，建筑用其他防火窗可参照执行。

3. 产品命名、分类与代号

（1）产品命名：防火窗产品采用其窗框和窗扇框架的主要材料命名，具体名称见表 2-15。

表 2-15　防火窗产品名称

产品名称	含义	代号
钢质防火窗	窗框和窗扇框架采用钢材制造的防火窗	GFC
木质防火窗	窗框和窗扇框架采用木材制造的防火窗	MFC
钢木复合防火窗	窗框采用钢材、窗扇框架采用木材制造 或窗框采用木材、窗扇框架采用钢材制造的防火窗	GMFC
其他材质防火窗的命名和代号表示方法，按照具体材质名称，参照执行。		

（2）防火窗按其使用功能的分类与代号见表 2-16。

表 2-16　防火窗的使用功能分类与代号

使用功能分类	代　号
固定式防火窗	D
活动式防火窗	H

（3）防火窗按其耐火性能的分类与耐火等级代号见表 2-17。

表 2-17　防火窗的耐火性能分类与耐火等级代号

耐火性能分类	耐火等级代号	耐火性能
隔热防火窗 （A 类）	A0.50（丙级）	耐火隔热性≥0.50 h，且耐火完整性≥0.50 h
	A1.00（乙级）	耐火隔热性≥1.00 h，且耐火完整性≥1.00 h
	A1.50（甲级）	耐火隔热性≥1.50 h，且耐火完整性≥1.50 h
	A2.00	耐火隔热性≥2.00 h，且耐火完整性≥2.00 h
	A3.00	耐火隔热性≥3.00 h，且耐火完整性≥3.00 h
非隔热防火窗 （C 类）	C0.50	耐火完整性≥0.50 h
	C1.00	耐火完整性≥1.00 h
	C1.50	耐火完整性≥1.50 h
	C2.00	耐火完整性≥2.00 h
	C3.00	耐火完整性≥3.00 h

4. 规格与型号

（1）规格：防火窗的规格型号表示方法和一般洞口尺寸系列应符合 GB/T5824—2008 的规定，特殊洞口尺寸由生产单位和顾客按需要协商确定。

（2）型号编制方法：

示例 1：防火窗的型号为 MFC 0909-D-A1.00（乙级），表示木质防火窗，规格为 0909（即洞口标志宽度 900 mm，标志高度 900 mm），使用功能为固定式，耐火等级为 A1.00（乙级）（即耐火隔热性≥1.00 h，且耐火完整性≥1.00 h）。

示例 2：防火窗的型号为 GFC1521-H-C2.00，表示钢质防火窗，规格为 1521（即洞口标志宽度为 1 500 mm，标志高度为 2 100 mm），使用功能为活动式，耐火等级为 C2.00（即耐火完整性时间不小于 2.00 h）。

5. 要　求

（1）防火窗通用要求：

① 外观质量：防火窗各连接处的连接及零部件安装应牢固、可靠，不得有松动现象；表面应平整、光滑，不应有毛刺、裂纹、压坑及明显的凹凸、孔洞等缺陷；表面涂刷的漆层应厚度均匀，不应有明显的堆漆、漏漆等缺陷。

② 防火玻璃：

a. 防火窗上使用的复合防火玻璃的外观质量应符合 GB 15763.1—2001 表 4 中的规定，单片防火玻璃的外观质量应符合 GB 15763.1—2001 表 5 中的规定。

b. 防火窗上使用的复合防火玻璃的厚度允许偏差应符合 GB 15763.1—2001 表 2 中的规定，单片防火玻璃的厚度允许偏差应符合 GB 15763.1—2001 表 3 中的规定。

③ 尺寸偏差：防火窗的尺寸允许偏差见表 2-18。

表 2-18　防火窗尺寸允许偏差

项　目	偏差值（mm）
窗框高度	±3.0
窗框宽度	±3.0
窗框厚度	±2.0
窗框槽口的两对角线长度差	≤4.0

④ 抗风压性能：采用定级检测压力差为抗风压性能分级指标。防火窗的抗风压性能不应低于 GB/T 7106—2002 表 1 中规定的 4 级。

⑤ 气密性能：采用单位面积空气渗透量作为气密性能分级指标。防火窗的气密性能不应低于 GB/T 7107—2002 表 1 中规定的 3 级。

⑥ 耐火性能：防火窗的耐火性能应符合防火窗的耐火性能分类与耐火等级代号（见表 2-1）的规定。

（2）活动式防火窗的附加要求：

① 热敏感元件的静态动作温度：活动式防火窗中窗扇启闭控制装置采用的热敏感元件，在（64±0.5）℃的温度下 5 分钟内不应动作，在（74±0.5）℃的温度下 1 分钟内应能动作。

② 活动窗扇尺寸允许偏差：活动窗扇的尺寸允许偏差见表 2-19。

表 2-19　活动窗扇尺寸允许偏差

项　目	偏差值（mm）
活动窗扇高度	±2.0
活动窗扇宽度	±2.0
活动窗扇框架厚度	±2.0
活动窗扇对角线长度差	≤3.0
活动窗扇扭曲度	≤3.0
活动窗扇与窗框的搭接宽度	+2　−0

③ 窗扇关闭可靠性：手动控制窗扇启闭控制装置，在进行 100 次的开启/关闭运行试验中，活动窗扇应能灵活开启，并完全关闭，无启闭卡阻现象，各零部件无脱落和损坏现象。

④ 窗扇自动关闭时间：活动式防火窗的窗扇自动关闭时间不应大于 60 s。

防火窗试验前后照片见图 2-23。

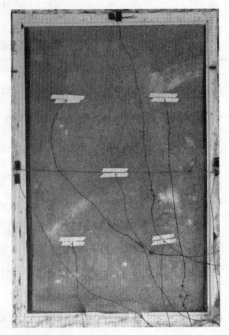

图 2-23　防火窗试验前后照片

6. 工地监督中防火窗常见问题汇总

（1）铭牌：无铭牌，铭牌信息不全或不符。

（2）防火玻璃：减薄，尺寸超大，防火玻璃改为普通玻璃。

（3）密封条：规格变小，未加施，中间断开。

（4）窗框：未灌浆或填充岩棉或无填充物，窗框侧壁宽度改变，窗框内粘贴防火板等工艺变更。

（5）窗扇：耐火结构与检验报告不符，填充物有贯通伤、较大孔洞，填充物粉碎，窗扇厚度减薄。

（6）铰链：铰链减少，安装位置与发证不符。

（7）熔断器：未设置熔断器等自动关闭装置。

十、GB 12955—2008《防火门》

1. 定　义

（1）平开式防火门（fire resistant side hung doorsets）是指由门框、门扇和防火铰链、防火锁等防火五金配件构成的，以铰链为轴垂直于地面，该轴可以沿顺时针或逆时针单一方向旋转以开启或关闭门扇的防火门。

（2）木质防火门（fire resistant timber doorsets）是指用难燃木材或难燃木材制品作门框、门扇骨架、门扇面板（门扇内若填充材料，则应填充对人体无毒无害的防火隔热材料），并配以防火五金配件所组成的具有一定耐火性能的门。

（3）钢质防火门（fire resistant steel doorsets）是指用钢质材料制作门框、门扇骨架和门扇面板（门扇内若填充材料，则应填充对人体无毒无害的防火隔热材料），并配以防火五金配件所组成的具有一定耐火性能的门。

（4）钢木质防火门（fire resistant timber doorsets with steel structure）是指用钢质和难燃木质材料或难燃木材制品制作门框、门扇骨架、门扇面板（门扇内若填充材料，则应填充对人体无毒无害的防火隔热材料），并配以防火五金配件所组成的具有一定耐火性能的门。

（5）其他材质防火门是指采用除钢质、难燃木材或难燃木材制品之外的无机不燃材料或部分采用钢质、难燃木材、难燃木材制品制作门框、门扇骨架、门扇面板（门扇内若填充材料，则应填充对人体无毒无害的防火隔热材料），并配以防火五金配件所组成的具有一定耐火性能的门。

（6）隔热防火门（A类）（fully insulated doorsets）是指在规定时间内，能同时满足耐火完整性和隔热性要求的防火门。

（7）部分隔热防火门（B类）（partially insulated doorsets）是指在规定大于等于 0.50 h 内，满足耐火完整性和隔热性要求，在大于 0.50 h 后所规定的时间内，能满足耐火完整性要求的防火门。

（8）非隔热防火门（C类）（no insulated doorsets）是指在规定时间内，能满足耐火完整性要求的防火门。

2. 适用范围

GB 12955—2008 适用于平开式木质、钢质、钢木质防火门和其他材质防火门，其他开启方式的防火门，可参照本标准执行。

3. 分 类

（1）按材质分类：木质防火门，代号为 MFM；钢质防火门，代号为 GFM；钢木质防火门，代号为 GMFM；其他材质防火门，代号为**FM（**代表其他材质的具体表述大写拼音字母）。

（2）按门扇数量分类：单扇防火门，代号为 1；双扇防火门，代号为 2；多扇防火门（含有两个以上门扇的防火门），代号为门扇数量（用数字表示）。

（3）按结构形式分类：门扇上带防火玻璃的防火门，代号为 b；防火门门框，其门框内双槽口的代号为 s，单槽口的代号为 d；带亮窗防火门，代号为 l；带玻璃带亮窗防火门，代号为 bl；无玻璃防火门，代号略。

（4）按耐火性能分类：防火门的耐火性能及代号见表 2-20。因为发证仅针对隔热防火门发证，所以表 2-20 仅体现了隔热防火门的耐火性能分类。

表 2-20　按耐火性能分类的防火门的耐火性能及代号

名　称	耐火性能	代　号
隔热防火门 （A 类）	耐火隔热性≥0.50 h 耐火完整性≥0.50 h	A 0.50（丙级）
	耐火隔热性≥1.00 h 耐火完整性≥1.00 h	A 1.00（乙级）
	耐火隔热性≥1.50 h 耐火完整性≥1.50 h	A 1.50（甲级）
	耐火隔热性≥2.00 h 耐火完整性≥2.00 h	A 2.00
	耐火隔热性≥3.00 h 耐火完整性≥3.00 h	A 3.00

（5）防火门标记示例：

示例 1：GFM-0924-bslk5 A1.50（甲级）-1，表示隔热（A 类）钢质防火门，其洞口宽度为 900 mm，洞口高度为 2 400 mm，门扇镶玻璃、门框双槽口、带亮窗、有下框、门扇顺时针方向关闭，耐火完整性和耐火隔热性的时间均不小于 1.50 h 的甲级单扇防火门。

示例 2：MFM-1221-d6B1.00-2，表示半隔热（B 类）木质防火门，其洞口宽度为 1 200 mm，洞口高度为 2 100 mm，门扇无玻璃、门框单槽口、无亮窗、无下框门扇逆时针方向关闭，其耐火完整性的时间不小于 1.00 h、耐火隔热性的时间不小于 0.50 h 的双扇防火门。

4. 规　格

防火门规格用洞口尺寸表示，洞口尺寸应符合 GB/T 5824 的相关规定，特殊洞口尺寸可由生产厂方和使用方按需要协商确定。

5. 技术要求

（1）一般要求防火门应符合 GB12955 标准要求，并按规定程序批准的图样及技术文件制造。

（2）材料：

① 填充材料防火门的门扇内应填充对人体无毒无害的防火隔热材料；防火门门扇填充的对人体无毒无害的防火隔热材料，应经国家认可授权检测机构检验达到 GB 8624—2006 规定燃烧性能 A1 级要求和 GB/T 20285—2006 规定产烟毒性危险分级 ZA_2 级要求的合格产品。

② 木材防火门所用木材应符合 JG/T 122—2000 第 5.1.1.1 条中对 II（中）级木材的有关材质要求；防火门所用木材应为阻燃木材，或采用防火板包裹木材以达到木材阻燃的目的，且应经国家认可授权检测机构按照 GB/T 8625—2005 检验达到该标准第 7 章难燃性要求的合格产品；防火门所用木材进行阻燃处理再进行干燥处理后的含水率不应大于 12%；木材在制作防火门时的含水率不应大于当地的平衡含水率。

③ 人造板防火门所用的人造板应符合 JG/T 122—2000 第 5.1.2.2 条中对 II（中）级

人造板的有关材质要求；防火门所用人造板应为经国家认可授权检测机构按照 GB/T 8625—2005 检验达到该标准第 7 章难燃性要求的合格产品；防火门所用人造板进行阻燃处理、再进行干燥处理后的含水率不应大于 12 %；人造板在制作防火门时的含水率不应大于当地的平衡含水率。

④ 钢材防火门：

a. 防火门框、门扇面板应采用性能不低于冷轧薄钢板的钢质材料，冷轧薄钢板应符合 GB/T 708 的规定。

b. 防火门所用加固件可采用性能不低于热轧钢材的钢质材料，热轧钢材应符合 GB/T 709 的规定。

材料厚度防火门所用钢质材料厚度应满足以下要求：门扇面板 ≥0.8 mm，门框板 ≥1.2 mm，铰链板 ≥3.0 mm，不带螺孔的加固件 ≥1.2 mm，带螺孔的加固件 ≥3.0 mm。

⑤ 其他材质材料的防火门所用材质材料应对人体无毒无害，应为经国家认可授权检测机构检验达到 GB/T 20285—2006 规定产烟毒性危险分级 ZA2 级要求的合格产品；防火门所用其他材质材料应为经国家认可授权检测机构检验达到 GB/T 8625—2005 第 7 章规定难燃性要求或 GB 8624—2006 规定燃烧性能 A1 级要求的合格产品，其力学性能应达到有关标准的相关规定并满足制作防火门的有关要求。

⑥ 黏结剂防火门所用黏结剂应是对人体无毒无害的产品；防火门所用黏结剂应为经国家认可授权检测机构检验达到 GB/T 20285—2006 规定产烟毒性危险分级 ZA_2 级要求的合格产品。

（3）配件：

① 防火锁 防火门安装的门锁应是防火锁；在门扇的有锁芯机构处，防火锁均应有执手或推杠机构，不允许以圆形或球形旋钮代替执手（特殊部位使用除外，如管道井门等）；防火锁应为经国家认可授权检测机构检验合格的产品，其耐火性能应符合附录 A 的规定。

② 防火合页（铰链） 防火门用合页（铰链）板厚应不少于 3 mm，其耐火性能应符合附录 B 的规定。

③ 防火闭门装置 防火门应安装防火门闭门器，或设置让常开防火门在火灾发生时能自动关闭门扇的闭门装置（特殊部位使用除外，如管道井门等）；防火门闭门器应为经国家认可授权检测机构检验合格的产品，其性能应符合 GA 93 的规定；自动关闭门扇的闭门装置，应经国家认可授权检测机构检验合格的产品。

④ 防火顺序器 双扇、多扇防火门设置有盖缝板或止口的应安装顺序器（特殊部位使用除外），其耐火性能应符合 GB 12955—2008 附录 C 的规定。

⑤ 防火插销 采用钢质防火插销，应安装在双扇防火门或多扇防火门的相对固定一侧的门扇上（若有要求时），其耐火性能应符合 GB 12955—2008 附录 D 的规定。

⑥ 盖缝板 平口或止口结构的双扇防火门宜设盖缝板，且盖缝板与门扇连接应牢固；盖缝板不应妨碍门扇的正常启闭。

⑦ 防火密封件 防火门门框与门扇、门扇与门扇的缝隙处应嵌装防火密封件；防火

密封件应为经国家认可授权检测机构检验合格的产品，其性能应符合 GB 16807 的规定。

⑧ 防火玻璃 防火门上镶嵌防火玻璃的，其耐火性能应符合相应耐火级别防火门的条件；防火玻璃应为经国家认可授权检测机构检验合格的产品，其性能应符合 GB 15763.1 的规定。

（4）加工工艺和外观质量：

① 加工工艺质量 使用钢质材料或难燃木材，或难燃人造板材料，或其他材质材料制作防火门的门框、门扇骨架和门扇面板（门扇内若填充材料，则应填充对人体无毒无害的防火隔热材料）与防火五金配件等共同装配成防火门，其加工工艺质量应符合相应条款的要求。

② 外观质量 采用不同材质材料制造的防火门，其外观质量应分别符合以下相应规定：

a. 木质防火门：割角、拼缝应严实平整，胶合板不允许刨透表层单板和戗槎，表面应净光或砂磨，并不得有刨痕、毛刺和锤印，涂层应均匀、平整、光滑，不应有堆漆、气泡、漏涂以及流淌等现象。

b. 钢质防火门：外观应平整、光洁、无明显凹痕或机械损伤，涂层、镀层应均匀、平整、光滑，不应有堆漆、麻点、气泡、漏涂以及流淌等现象，焊接应牢固、焊点分布均匀，不允许有假焊、烧穿、漏焊、夹渣或疏松等现象，外表面焊接应打磨平整。

c. 钢木质防火门：外观质量应满足 a 和 b 项的相关要求。

d. 其他材质防火门：外观应平整、光洁，无明显凹痕、裂痕等现象，带有木质或钢质部件的部分应分别满足 a 和 b 项的相关要求。

（5）门扇质量：门扇质量不应小于门扇的设计质量。

（6）尺寸极限偏差、形位公差、配合公差、门扇与门框的平面高低差应符合 GB 12955 中规定的要求。

（7）耐火性能防火门的耐火性能应符合表 1 的规定，而且隔热防火门需同时应满足耐火完整性和耐火隔热性（单扇钢质防火门耐火性能试验前后的照片见图 2-24）。

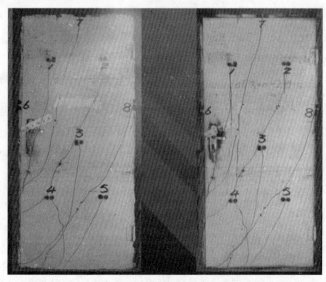

图 2-24 单扇钢质防火门耐火性能试验前后照片

6. 工地监督中防火门常见问题汇总

（1）铭牌：无铭牌，铭牌信息不全或不符。

（2）防火玻璃：减薄，尺寸超大，防火玻璃改为普通玻璃。

（3）密封条：规格变小，未加施，中间断开。

（4）门框：未灌浆或填充岩棉或无填充物，门框侧壁宽度改变，门框内粘贴防火板等工艺变更。

（5）门扇：耐火结构与检验报告不符，填充物有贯通伤、较大孔洞，填充物粉碎，门扇超过发证尺寸，门扇厚度减薄，门扇外包装饰板影响耐火结构。

（6）铰链：铰链减少，安装位置与发证不符。

（7）盖缝板：未设置盖缝板，或盖缝板尺寸偏小。

十一、GA 93—2004《防火门闭门器》

1. 分 类

（1）按安装型式分为平行安装（P）和垂直安装（C）。

（2）按使用寿命可划分为：使用寿合≥30 的闭门器为一级品（Ⅰ）；使用寿合≥20 的闭门器为一级品（Ⅱ）；使用寿合≥10 的闭门器为一级品（Ⅲ）。

2. 适用范围

GA 93—2004 适用于安装在防火门和防火窗上使用的无定位装置的闭门器。

3. 标记示例

防火门闭门器标记如下：

防火门闭门器 GA 93—X XX

标记示例：防火门闭门器 GA 93—2PⅢ，即表示符合 GA 93 要求的防火门闭门器，适用门扇质量为 25～45 kg，平行安装，使用寿命不低于 10 万次。

4. 技术要求

（1）防火门闭门器的常规性能：

① 外观　外观应符合 QB/T 3893—1999 中 4.1 的规定。

② 常温下的运转性能　防火门闭门器使用时应运转平稳、灵活，其贮油部件不应有渗漏油现象。

③ 常温下的开启力矩　常温下的开启力矩应符合表2-21中的规定。

表 2-21　防火闭门器的规格

规格代号	开启力矩（N·m）	关闭力矩（N·m）	适用门扇质量（kg）	适用门扇最宽度（mm）
2	≤25	≥10	20～45	830
3	≤45	≥15	40～65	930
4	≤80	≥25	60～85	1 030
5	≤100	≥35	80～120	1 130
6	≤120	≥45	110～150	1 330

④ 常温下的最大关闭时间　常温下的最大关闭时间不应小于20 s。

⑤ 常温下的最小关闭时间　常温下的最小关闭时间不应大于3 s。

⑥ 常温下的关闭力矩　常温下的关闭力矩应符合表2-21中的规定。

⑦ 常温下的闭门复位偏差　常温下的闭门复位偏差不应大于0.15°。

（2）防火门闭门器使用寿命及使用寿命试验后的性能：

① 使用寿命　寿合试验过程中，防火门闭门器应无破损和漏油现象。

② 使用寿命试验后的性能：

a. 使用寿命试验后的运转性能　防火门闭门器使用寿命试验后应运转平稳、灵活，其贮油部件不应有渗漏油现象。

b. 使用寿命试验后的开启力矩　使用寿命试验后的开启力矩不应大于表 2-19 开启力矩值的80%。

c. 使用寿命试验后的最大关闭时间　一级品的最大关闭时间大于等于8 s，二级品的最大关闭时间大于等于9 s，三级品的最大关闭时间大于等于10 s。

d. 使用寿命试验后的最小关闭时间　用寿命试验后的最小关闭时间不应大于3 s。

e. 使用寿命试验后的关闭力矩　使用寿命试验后的关闭力矩不应小于表 2-19 中关闭力矩值的80%。

f. 使用寿命试验后的闭门复位偏差　使用寿命试验后的闭门复位偏差不应大于0.15°。

（3）防火门闭门器在高温下的性能：

① 高温下的开启力矩　高温下的开启力矩应符合表2-22 的规定。

表 2-22　不同规格代号的防火门在高温下的开启力矩指标

规格代号	开启力矩（N·m）
2	≤20
3	≤36
4	≤64
5	≤80
6	≤96

② 高温下的最大关闭时间　一级品的最大关闭时间大于等于 6 s，二级品的最大关闭时间大于等于 7 s，三级品的最大关闭时间大于等于 8 s。

③ 高温下的最小关闭时间　高温下的最小关闭时间不应大于 3 s。

④ 高温下的关闭力矩　高温下的关闭力矩应符合表 2-23 中的规定。

表 2-23　不同规格代号的防火门在高温下的关闭力矩指标

规格代号	关闭力矩（N·m）
2	≥7
3	≥10
4	≥18
5	≥24
6	≥32

⑤ 高温下的闭门复位偏差　闭门复位偏差不应大于 0.15°。

⑥ 高温下的完好性　在高温试验过程中，防火门闭门器应无破损和漏油。

5. 试验装置

试验装置有防火门、刻度盘、测力计挂钩、测力计、保温罩、位移计、牵引线、加热器、热电偶、温度控制器、计时器和计数器等组成。

试验用防火门的门扇最小尺寸 b×h 为 450 mm×1 000 mm，门扇质量为 40 kg，通过配重，可增加门扇质量以适应不同规格防火门闭门器的要求。

6. 出厂检验项目

出厂检验项目主要包括常温下的运转性能、常温下的开启力矩、常温下的最大关闭时间、常温下的最小关闭时间、常温下的关闭力矩、常温下的闭门复位偏差等。

十二、GB15763.1—2009《建筑用安全玻璃（第 1 部分：防火玻璃）》

1. 术语和定义

（1）耐火完整性：在标准耐火试验条件下，玻璃构件当其一面受火时，能在一定时间内防止火焰和热气穿透或在背火面出现火焰的能力。

（2）耐火隔热性：在标准耐火试验条件下，玻璃构件当其一面受火时，能在一定时间内使其背火面温度不超过规定值的能力。

（3）耐火极限：在标准耐火试验条件下，玻璃构件从受火的作用时起，到失去完整性或隔热性要求时止的这段时间。

（4）复合防火玻璃：由两层或两层以上玻璃复合而成或由一层玻璃和有机材料复合而成，并满足相应耐火性能要求的特种玻璃。

（5）单片防火玻璃：由单层玻璃构成，并满足相应耐火性能要求的特种玻璃。

（6）隔热型防火玻璃（A 类）：耐火性能同时满足耐火完整性、耐火隔热性要求的防火玻璃。

（7）非隔热型防火玻璃（C 类）：耐火性能仅满足耐火完整性要求的防火玻璃。

2. 适用范围

GB 15763 的第一部分规定了建筑用防火玻璃的术语和定义、分类及标记、材料、要求、试验方法、检验规则、标志、产品使用说明书及包装、运输、贮存等，适用于建筑用复合防火玻璃及经钢化工艺制造的单片防火玻璃。

3. 分类及标记

（1）分类：

① 防火玻璃按其结构划分，可分为复合防火玻璃（以 FFB 表示）和单片防火玻璃（以 DFB 表示）。

② 防火玻璃按其耐火性能划分，可分为隔热型防火玻璃（A 类）和非隔热型防火玻璃（C 类）。

③ 防火玻璃按其耐火极限划分，可分为 0.50 h，1.00 h，1.50 h，2.00 h，3.00 h 五个等级。

（2）标记：

① 标记方式如下所示。

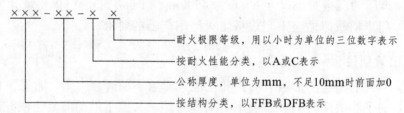

② 标记示例　一块公称厚度为 25 mm、耐火性能为隔热类（A 类）、耐火等级为 1.50 h 的复合防火玻璃的标记为 FFB-25-A1.50；一块公称厚度为 12 mm、耐火性能为非隔热类（C 类），耐火等级为 1.00 h 的单片防火玻璃的标记为 DFB-12-C1.00。

4. 材　料

防火玻璃原片可选用镀膜或非镀膜的浮法玻璃、钢化玻璃，复合防火玻璃原片还可选用单片防火玻璃。原片玻璃应分别符合 GB 11614，GB 15763.2—2005，GB/T 18915（所有部分）等相应标准和本部分相应条款的规定。所采用其他材料也均应满足相应的国家标准、行业标准、相关技术条件要求。

5. 技术要求

防火玻璃的尺寸和厚度允许偏差、外观质量、耐火性能、可见光透射比见表 2-24 至表 2-29。

表 2-24　复合防火玻璃的尺寸、厚度允许偏差

玻璃的公称厚度（d）（mm）	长度或宽度（L）允许偏差（mm）		厚度允许偏差（mm）
	L≤1 200	1 200<L≤2 400	
5≤d<11	±2	±3	±1.0
11≤d<17	±3	±4	±1.0
17≤d<24	±4	±5	±1.3
24≤d<35	±5	±6	±1.5
d≥35	±5	±6	±2.0

注：当 L 大于 2 400 mm 时，尺寸允许偏差由供需双方商定。

表 2-25　单片防火玻璃的尺寸、厚度允许偏差

玻璃公称厚度（mm）	长度或宽度（L）允许偏差（mm）			厚度允许偏差（mm）
	L≤1 000	1 000<L≤2 000	L>2 000	
5	+1 −2	±3	±4	±0.2
6				
8	+2 −3			±0.3
10				
12				±0.3
15	±4	±4		±0.5
19	±5	±5	±6	±0.7

表 2-26　复合防火玻璃的外观质量

缺陷名称	要　求
气　泡	直径 300 mm 圆内允许长 0.5 mm~1.0 mm 的气泡 1 个
胶合层杂质	直径 500 mm 圆内允许长 2.0 mm 以下的杂质 2 个
划　伤	宽度≤0.1 mm，长度≤50 mm 的轻微划伤，每平方米面积内不超过 4 条
	0.1 mm<宽度<0.5 mm，长度≤50 mm 的轻微划伤，每平方米面积内不超过 1 条
爆　边	每米边长允许有长度不超过 20 mm、自边部向玻璃表面延伸深度不超过厚度一半的爆边 4 个
叠差、裂纹、脱胶	脱胶、裂纹不允许存在，总叠差不应大于 3 mm

注：复合防火玻璃周边 15 mm 范围内的气泡、胶合层杂质不作要求。

表 2-27　单片防火玻璃的外观质量

缺陷名称	要　求
爆　边	不允许存在
划　伤	宽度≤0.1 mm，长度≤50 mm 的轻微划伤，每平方米面积内不超过 2 条
	0.1 mm<宽度<0.5 mm，长度≤50 mm 的轻微划伤，每平方米面积内不超过 1 条
结石、裂纹、缺角	不允许存在

表 2-28　防火玻璃的耐火性能

分类名称	耐火极限等级	耐火性能要求
隔热型防火玻璃（A 类）	3.00 h	耐火隔热性时间≥3.00 h，且耐火完整性时间≥3.00 h
	2.00 h	耐火隔热性时间≥2.00 h，且耐火完整性时间≥2.00 h
	1.50 h	耐火隔热性时间≥1.50 h，且耐火完整性时间≥1.50 h
	1.00 h	耐火隔热性时间≥1.00 h，且耐火完整性时间≥1.00 h
	0.50 h	耐火隔热性时间≥0.50 h，且耐火完整性时间≥0.50 h
非隔热型防火玻璃（C 类）	3.00 h	耐火完整性时间≥3.00 h，耐火隔热性无要求
	2.00 h	耐火完整性时间≥2.00 h，耐火隔热性无要求
	1.50 h	耐火完整性时间≥1.50 h，耐火隔热性无要求
	1.00 h	耐火完整性时间≥1.00 h，耐火隔热性无要求
	0.50 h	耐火完整性时间≥0.50 h，耐火隔热性无要求

表 2-29　防火玻璃的可见光透射比

项　目	允许偏差最大值（明示标称值）	允许偏差最大值（未明示标称值）
可见光透射比	±3%	≤5%

（1）弯曲度：防火玻璃的弓形弯曲度不应超过 0.3%，波形弯曲度不应超过 0.2%。

（2）耐热性能（复合防火玻璃）：试验后复合防火玻璃试样的外观质量应符合表 2-24 的规定。

（3）耐寒性能（复合防火玻璃）：试验后复合防火玻璃试样的外观质量应符合表 2-24 的规定。

（4）耐紫外线辐照性（复合防火玻璃）：当复合防火玻璃使用在有建筑采光要求的场合时，应进行耐紫外线辐照性能测试。复合防火玻璃试样试验后，其试样不应产生显著变色、气泡及浑浊现象，且试验前后可见光透射比相对变化率 ΔT 应不大于 10%。

（5）抗冲击性能：单片防火玻璃不破坏是指试验后不破碎，复合防火玻璃不破坏是指试验后玻璃满足玻璃不破碎或玻璃破碎但钢球未穿透试样条件之一的情况。

（6）碎片状态（单片防火玻璃）：每块试验样品在 50 mm × 50 mm 区域内的碎片数应不低于 40 块。虽然允许有少量长条碎片存在，但其长度不得超过 75 mm，且端部不是刀刃状；延伸至玻璃边缘的长条形碎片与玻璃边缘形成的夹角不得大于 45°。

6. 试验程序

按 GB/T 12513—2006 进行耐火性能试验，试样受火尺寸应选择实际使用的最大尺寸来进行试验，且不应小于 1 100 mm × 600 mm。

试验时所使用的固定框架和安装方式应与实际工程配套使用的相同，并以图纸或其他相当的方法记录固定框架的结构和安装方式（见图 2-25 和图 2-26）。

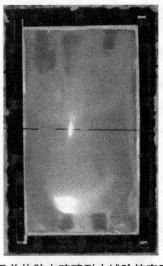

图 2-25　单片防火玻璃耐火试验前情况单片防火玻璃耐火试验结束时情况

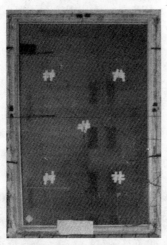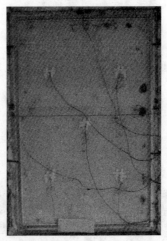

图 2-26　复合防火玻璃耐火试验前情况复合防火玻璃耐火试验结束时情况

（1）试件背火面温度的测量：

① 平均温度的测量　对于镶嵌一块玻璃的试件，热电偶的数量不应少于 5 个，分别设在试件中心和试件各四分之一部分的中心；对于镶嵌两块及其以上玻璃的试件，每块玻璃至少有两个测温点，两个测温点沿玻璃的任一条对角线布置在玻璃的四分之一部分的中心部位。

② 最高单点温度的测量　试件的上框和竖框的中点、横框与竖框的连接处应布置测温点，测温点距框边缘至少 15 mm。最高单点温度的测量包括①中所测得的单点温度。

（2）热通量的测量：热流计的测量面应平行于试件的表面，并沿着试件中心的法线方向，距试件背火面 1 m 处。

（3）试件背火面变形的测量：试件变形测量位置为试件两竖边的中部和试件的几何中心。

7. 耐火性能判定准则

（1）隔热型防火玻璃判定准则：

① 失去耐火完整性　按 GB/T 9978 的规定进行试验测量，当棉垫被点燃或背火面窜火持续达 10 s 以上时，则认为试件失去耐火完整性；当试件背火面出现贯通至试验炉内的缝隙，使用直径 6 mm ± 0.1 mm 的探棒可以穿过缝隙进入试验炉内且探棒可以沿缝隙长度方向移动不小于 150 mm，或直径 25 mm ± 0.2 mm 的探棒可以穿过缝隙进入试验炉内时，则认为试件失去耐火完整性。

② 失去耐火隔热性　测得的试件背火面平均温度超过试件表面初始平均温度 140 ℃，或测得的试件背火面任一点最高温度超过该点初始温度 180 ℃ 时，则认为试件失去耐火隔热性。

（2）非隔热型防火玻璃判定准则：

① 失去耐火完整性　试验过程中除棉垫试验外，其他内容均适用于本条。

② 热通量　试验过程中记录热通量超过 5 kW/m^2，10 kW/m^2，15 kW/m^2，20 kW/m^2 和 25 kW/m^2 的时间。

8. 出厂检验项目

出厂检验项目主要包括尺寸、厚度及偏差、外观质量和弯曲度等。

9. 试验设备

试验设备见图 2-27。

图 2-27　防火玻璃试验设备照片

十三、GA 97—1995《防火玻璃非承重隔墙通用技术条件》

1. 定　义

防火玻璃非承重隔墙是指由防火玻璃、镶嵌框架和防火密封材料组成，并在一定时间内满足耐火稳定性、完整性和隔热性要求的非承重隔墙。

2. 适用场所

随着建筑业的发展，玻璃幕墙得到了广泛使用。建筑外墙做成玻璃幕墙，利用玻璃的反射功能，充分解释利用光与影转换的机理，使得整个建筑物和周围环境达到情景交融，建筑立面更具有一种溢光流彩的美感（见表 2-30 和图 2-28 及图 2-29）。

表 2-30　高层民用建筑采用玻璃幕墙实例

建筑物名称	层数	用　途	外墙特征
北京京广大厦	52	办公、旅馆、公寓等	有窗间墙、窗槛墙的玻璃幕墙
北京国际贸易中心	39	办公、展览等	有窗间墙、窗槛墙的玻璃幕墙
北京长富大厦	24	办公、旅馆等	有窗间墙、窗槛墙的玻璃幕墙
北京华威大厦	18	办公、公寓、商店等	有窗间墙、窗槛墙的玻璃幕墙
昆明百货大楼	6	百货商店	无窗间墙、窗槛墙的玻璃幕墙
武汉桥口百货大楼	6	百货商店	无窗间墙、窗槛墙的玻璃幕墙
美国亚特兰大海特摄政旅馆	23	旅馆	黑色玻璃幕墙
香港交易所大楼	50	公共交易所、旅馆等	金黄色玻璃幕墙
香港新鸿基大厦	50	办公、商店、旅馆等	茶色玻璃幕墙

图 2-28　某商场正门　　　　　　　　图 2-29　某商场外墙

3. 技术要求

防火玻璃非承重隔墙耐火性能应符合表 2-31 中的规定。

表 2-31　防火玻璃非承重隔墙耐火性能等级划分

耐火等级	Ⅰ级	Ⅱ级	Ⅲ级	Ⅳ级
耐火极限（h）	1.00	0.75	0.50	0.25

4. 试验设备及产品照片

试验设备及产品照片见图 2-30。

图 2-30　　防火玻璃试验设备及产品试验前后的照片

5. 出厂检验项目

出厂检验项目主要包括防火玻璃、镶嵌框架的尺寸偏差和外观质量等,检验数量为 100%。

十四、GB 14102—2005《防火卷帘》

1. 定义

（1）钢质防火卷帘（GFJ）：用钢质材料做帘板、导轨、座板、门楣、箱体等，并配以卷门机和控制箱所组成的能符合耐火完整性要求的卷帘；按其启闭方式分为垂直卷帘、侧向卷帘和水平卷帘。

（2）无机纤维复合防火卷帘（WFJ）：用无机纤维材料做帘面（内配不锈钢丝或不锈钢丝绳），用钢质材料做夹板、导轨、座板、门楣、箱体等，并配以卷门机和控制箱所组成的能符合耐火完整性要求的卷帘，其启闭方式主要分为垂直启闭和侧向启闭两种。

（3）特级防火卷帘：用钢质材料或无机纤维材料做帘面，用钢质材料做导轨、座板、夹板、门楣、箱体等，并配以卷门机和控制箱所组成的能符合耐火完整性、隔热性和防烟性能要求的卷帘。当特级防火卷帘帘面为一个时，均设有自动喷水保护装置；当特级防火卷帘帘面为两个时，一般为双轨双帘或单轨双帘式的卷帘。

2. 分 类

（1）按耐风压强度分类（见表 2-32）。

表 2-32　按耐风压强度分类

代　号	耐风压强度/Pa
50	490
80	784
120	1 177

（2）按帘面数量分类（见表 2-33）。

表 2-33　按帘面数量分类

代　号	帘面数量
D	1 个
S	2 个

（3）按启闭方式分类（见表 2-34）。

表 2-34　按启闭方式分类

代　号	启闭方式
Cz	垂直卷
Cx	侧向卷
Sp	水平卷

（4）按耐火极限分类（见表2-35）。

表2-35　按耐火极限分类

名　称	名称符号	代　号	耐火极限（h）	帘面漏烟量 [m³/（m²·min）]
钢质防火卷帘	GFJ	F2	≥2.00	
		F3	≥3.00	
钢质防火、防烟卷帘	GFYJ	FY2	≥2.00	≤0.2
		FY3	≥3.00	
无机纤维复合防火卷帘	WFJ	F2	≥2.00	
		F3	≥3.00	
无机纤维复合防火、防烟卷帘	WFYJ	FY2	≥2.00	≤0.2
		FY3	≥3.00	
特级防火卷帘	TFJ	TF3	≥3.00	≤0.2

3. 适用场所

当前，一、二级耐火等级建筑物每层建筑面积超过 2 500 m² 的日益增多，防火分区之间在防火分隔措施上应采用防火墙。当分隔某一部位采用防火墙有困难时，也可在防火墙上必须开设较大面积开口的部位采用防火卷帘、防火分隔水幕等措施进行分隔（见图2-31）。

图 2-31　某商场的防火卷帘

4. 技术要求

技术要求主要包括外观质量要求、材料要求、零部件要求和性能要求，其中性能包括耐风压性能、防烟性能、运行平稳性能、噪声、电动启闭和自重下降运行速度、两步关闭性能、温控释放性能、耐火性能等。

5. 工程检查常规项目

（1）钢质帘板：应平直，装配成卷帘后不应有孔洞或缝隙存在，帘板两端应设防风钩。

（2）无机帘面：沿帘布纬向每隔一定的间距设置不锈钢丝（绳）；沿帘布经向应设置

夹板，每隔 300 mm～500 mm 应设置一道钢质夹板；夹板两端应设防风钩。

（3）帘板（面）嵌入导轨深度：帘板（面）嵌入导轨深度应符合表 2-36 中的规定。

表 2-36　帘板（面）嵌入导轨深度技术指标

卷帘两侧导轨间距离（B）（mm）	每端嵌入深度（mm）
B<3 000	>45
3 000≤B<5 000	>50
5 000≤B<9 000	>60

注：卷帘两侧导轨间距离每增加 1 000 mm，每端嵌入深度应增加 10 mm。

（4）电动卷门机、控制箱：该装置应具有限位开关，卷帘启闭至上下限位时，应能自动停止；应具有手动启闭性能；应具有自重下降性能。

（5）两步关闭性能：卷帘下降至卷帘洞口高度的中位处时，延时 5～60 s（或给以触发信号），应继续关闭至全闭。

（6）温控释放性能：卷帘应装配温控释放装置，感温元件周围温度达到 73 ℃±0.5 ℃，释放装置动作，卷帘应依自重下降关闭。

十五、GA 603—2006《防火卷帘用卷门机》

1. 定　义

防火卷帘用卷门机是指由电动机、限位器、手动操作部件等组成，与防火卷帘、防火卷帘控制器配套使用，使防火卷帘完成开启、定位、关闭功能的装置（见图 2-32）。

2. 适用场所

防火卷帘用卷门机和防火卷帘、防火卷帘控制器配套，适用于广大的工业及民用建筑（见图 2-33）。

图 2-32　防火卷帘用卷门机的照片

图 2-33 安装好的防火卷帘用卷门机

3. 技术要求

（1）外观及零部件（通过目测检验）；

（2）基本性能（刹车性能、手动操作性能、电动操作性能、刹车释放臂力和自重下降转矩、限位性能）；

（3）机械寿命；

（4）电源性能；

（5）绝缘性能；

（6）耐压性能；

（7）耐气候环境性能。

4. 防火卷帘用卷门机监督检验项目

防火卷帘用卷门机监督检验项目主要包括刹车性能、手动操作性能、电动操作性能、刹车释放臂力和自重下降转矩、限位性能等；防火卷帘用卷门机产品确认检验项目至少应包括基本性能、机械寿命、电源性能、绝缘性能、耐压性能和耐气候环境性能。

5. 出厂检验项目

出厂检验项目主要包括外观及零部件、电源性能、绝缘性能、耐压性能等。

十六、GB 15930—2007《建筑通风和排烟系统用防火阀门》

1. 术语和定义

（1）防火阀：安装在通风、空气调节系统的送、回风管道上，平时呈开启状态，火灾时当管道内烟气温度达到 70 ℃ 时关闭，并在一定时间内能满足漏烟量和耐火完整性要求、起隔烟阻火作用的阀门。防火阀一般由阀体、叶片、执行机构和温感器等部件组成。

（2）排烟防火阀：安装在机械排烟系统的管道上，平时呈开启状态，火灾时当排烟管道内烟气温度达到 280 ℃时关闭，并在一定时间内能满足漏烟量和耐火完整性要求、起隔烟阻火作用的阀门。排烟防火阀一般由阀体、叶片、执行机构和温感器等部件组成。

（3）排烟阀：安装在机械排烟系统各支管端部（烟气吸入口）处，平时呈关闭状态并满足漏风量要求，火灾或需要排烟时手动和电动打开起排烟作用的阀门（带有装饰口或进行过装饰处理的阀门称为排烟口）。排烟阀一般由阀体、叶片、执行机构等部件组成。

2．适用范围

GB 15930—2007 适用于工业和民用建筑、地下建筑的通风和空气调节系统中设置的防火阀，以及工业与民用建筑、地下建筑的机械排烟系统中设置的排烟防火阀、排烟阀。

3．分　类

（1）按阀门控制方式分类（见表 2-37）。

表 2-37　按阀门控制方式分类

代　号		控 制 方 法	
W		温感器控制自动关闭	
S		手动控制关闭或开启	
D	Dc	电动控制关闭或开启	电控电磁铁关闭或开启
	Dj		电控电机关闭或开启
	Dq		电控气动机构关闭或开启

注：排烟阀没有温感器控制方法。

（2）按阀门功能分类（见表 2-38）。

表 2-38　按阀门功能分类

代　号	功　能
F	具有风量调节功能
Y	具有远距离复位功能
K	具有阀门关闭或开启后阀门位置信号反馈功能

注：排烟防火阀和排烟阀不要求风量调节功能。

（3）按外形分类，可分为矩形阀门和圆形阀门。

① 圆形阀门常用规格见表 2-39。

表 2-39　圆形阀门常用规格

φ	120	140	160	180	200	220	250	280	320	360	400
法兰规格	扁钢 20×4				扁钢 25×4				角钢 20×3		
φ					450	500	560	630	700	800	900	1000
法兰规格					角钢 25×3				角钢 30×3			
注：φ为阀门公称直径。						单位为毫米						

② 矩形阀门常用规格见表 2-40。

表 2-40　矩形阀门常用规格

W	H												
	120	160	200	250	320	400	500	630	800	1000	1250	1600	2000
120	√	√	√	√									
160		√	√	√	√								
200			√	√	√	√	√						
250				√	√	√	√	√	√				
320				√	√	√	√	√	√				
400					√	√	√	√	√	√	√		
500						√	√	√	√	√		√	
630							√	√	√	√		√	
800								√	√	√	√	√	√
1000									√	√	√	√	
1250												√	√
法兰规格	角钢 25×3							角钢 30×3			角钢 40×4		
注：W为阀门公称宽度，H为阀门公称高度						单位为毫米							

4. 材料及配件

（1）材料及零部件：

① 阀体、叶片、挡板、执行机构底板及外壳宜采用冷轧钢板、镀锌钢板、不锈钢板或无机防火板等材料制作。

② 排烟阀的装饰口宜采用铝合金、钢板等材料制成。

③ 轴承、轴套、执行机构中的棘（凸）轮等重要活动零部件，采用黄铜、青铜、不锈钢等耐腐材料制作。

④ 各类弹簧的制作应符合相应的国家标准要求。

（2）配件：

① 阀门的执行机构应是经国家认可授权的检测机构检测合格的产品。

② 防火阀或排烟防火阀执行机构中的温感器元件上应标明其公称动作温度。

5. 技术要求

（1）环境温度下的漏风量：

① 在环境温度下，使防火阀或排烟防火阀叶片两侧保持 300 Pa±15 Pa 的气体静压差，其单位面积上的漏风量（标准状态）应不大于 500 m³/（m²·h）。

② 在环境温度下，使排烟阀叶片两侧保持 1 000 Pa±15 Pa 的气体静压差，其单位面积上的漏风量（标准状态）应不大于 700 m³/（m²·h）。

（2）耐火性能：

① 耐火试验开始后 1 min 内，防火阀的温感器应动作，即阀门关闭。

② 耐火试验开始后 3 min 内，排烟防火阀的温感器应动作，即阀门关闭。

③ 在规定的耐火时间内，使防火阀或排烟防火阀叶片两侧保持 300 Pa±15 Pa 的气体静压差，其单位面积上的漏风量（标准状态）应不大于 700 m³/（m²·h）。

④ 在规定的耐火时间内，防火阀或排烟防火阀表面不应出现连续 10 s 以上的火焰。

⑤ 防火阀或排烟防火阀的耐火时间应不小于 1.50 h。

6. 重点试验项目

（1）环境温度下的漏风量：

① 基本设备　基本设备包括气体流量测量系统和压力测量、控制系统两部分。

② 测量仪表的准确度　温度为 ±2.5 ℃，压力为 ±3 Pa，流量为 ±2.5%。

③ 试验步骤：

a. 将阀门安装在测试系统的管道上，并处于关闭状态，其入口用不渗漏的板材密封。启动引风机，调整进气阀和调节阀，使阀门前后的气体静压差为 300 Pa±15 Pa 或 1 000 Pa±15 Pa，待稳定 60 s 后，测量并记录孔板两侧压差、孔板前气体压力和孔板后测量管道内的气体温度。同时，测量并记录试验时的大气压力。按照 GB/T 2624 中的计算公式计算出该状态下的气体流量。应 1 min 测量一次，连续测量 3 次，取平均值，该值为系统漏风量。如果系统漏风量大于 25 m³/h，应调整各连接处的密封，直到系统漏风量不大于 25 m³/h 时为止。

b. 拆去阀门入口处的密封板材，阀门仍处于关闭状态，调整进气阀和调节阀，使阀门前后的气体静压差仍保持在 300 Pa±15 Pa 或 1 000 Pa±15 Pa，待稳定 60 s 后，测量并记录孔板两差压、孔板前气体压力和孔板后测量管道内的气体温度。同时，测量并记录试验时的大气压力。按照 GB/T 2624 中的计算公式计算出该状态下的气体流量。

（注：防火阀和排烟防火阀选用的气体静压差为 300 Pa±15 Pa，排烟阀选用的气体静压差为 1 000 Pa±15 Pa。）

（2）耐火性能：

① 试验设备　试验设备主要包括基本设备、耐火试验炉和温度测量系统。

a. 基本设备：包括耐火试验炉、气体流量测量系统、温度测量系统和压力测量及控制系统四部分。在试验炉与阀门之间有一段用厚度不小于 1.5 mm 的钢板制造的连接管道，其开口尺寸与阀门的进口尺寸相对应，长度大于 0.3 m。

b. 耐火试验炉：耐火试验炉应达到 GB/T 9978—1999 中 5.1 规定的升温条件和 5.2 规定的压力条件。

c. 温度测量系统：热电偶数量不得少于 5 个，其中 1 个设在阀门向火面的中心，其余 4 个分设在阀门四分之一面积的中心。在试验过程中，测量点距阀门的距离应控制在 50 mm ~ 150 mm 之内。测量点位于孔板后测量管道的中心线上，与孔板的距离为测量管道直径的二倍。

② 测量仪表的准确度　温度为 ± 15 ℃（炉温）、± 2.5 ℃（其他），压力为 ± 3 Pa，流量为 ± 2.5%，时间为 ± 2 s。

③ 受火条件　耐火试验时的气流方向应与阀门的实际气流方向一致。

④ 试验步骤：

a. 将阀门安装在测试系统的管道上并使其处于开启状态；调节引风机系统，使气流以 0.15 m/s 的速度通过阀门，并保持气流稳定[0.15 m/s 的速度形成的气体流量为 540 m³/（m² · h）]。

b. 试验炉点火（当阀门向火面平均温度达到 50 ℃ 时为试验开始时间），控制向火面温升达到 GB/T 9978—1999 中 5.1 规定的升温条件。

c. 记录阀门的关闭时间（当阀门关闭后，调节引风机系统，使其前后的气体静压差保持在 300 Pa ± 15 Pa 的范围内）。

d. 控制炉内压力达到 GB/T 9978—1999 中 5.2 规定的压力条件。

e. 测量并记录孔板两侧差压、孔板前气体压力和孔板后侧管道内的气体温度（时间间隔不大于 2 分钟），并按照 GB/T 2624 中的计算公式计算出各时刻的气体流量。

f. 测量并记录试验过程中的大气压力（耐火试验前后照片见图 2-34 和图 2-35）。

图 2-34　耐火试验前试件照片

图 2-35　耐火试验后试件照片

7. 出厂检验

（1）每台阀门都应由制造厂质量检验部门进行出厂检验，合格并附有产品质量合格证后方可出厂。

（2）阀门的出厂检验项目主要包括外观、公差、复位功能、手动控制、电动控制、绝缘性能等。

十七、GA 211—2009《消防排烟风机耐高温试验方法》

1. 定 义

消防排烟风机是指机械排烟系统中用于排除烟气的固定式电动装置（见图 2-36）。

2. 适用场所

消防排烟风机广泛地应用在工业和民用建筑、人防工程等建筑物、隧道和地铁的机械排烟系统当中。

图 2-36　消防排烟风机

3. 试验装置

（1）耐高温试验炉：耐高温试验炉应能控制通过消防排烟风机的气流温度，使之能够在 150 ℃ ~ 600 ℃（允许偏差±15 ℃）范围内任一设定值上保持恒定，并能保证点火后 2 min 内，炉内温度能升至选定的标准温度。耐高温试验炉应有足够大的空间，其尺寸不应小于 3 000 mm × 3 000 mm × 4 500 mm；应能使消防排烟风机在规定尺寸（见图 2-37）的风洞内测试高温状态下空气动力性能（大于 18 # 的消防排烟风机的耐高温性能试验装置及安装方式参照图 2-40 和图 2-41）。

（2）温度测量及控制系统：消防排烟风机迎火面的气流温度采用 K 型铠装热电偶测量，热电偶数量不得少于 6 支；热电偶均匀分布在距消防排烟风机进气口 100 mm 的平面上，其测量端距管壁 100 mm，热电偶所测温度的平均值即为试验温度；试验温度数值记录的时间间隔不应超过 1 分钟。

（3）炉内压力测量系统：耐高温试验炉炉内压力采用压力传感器在炉内 3 m 高度、距试验炉口 100 mm 处进行测量与记录。试验压力数值记录时间间隔不应超过 2 分钟。

4. 高温状态下消防排烟风机空气动力性能测量

（1）消防排烟风机流量、压力、全压效率的测量：消防排烟风机的流量、压力、全压效率参照 GB/T 1236—2000 的方法进行模拟消防排烟风机在耐高温试验时的实际工况点测量。选用的试验装置为参照 GB/T 1236—2000 中 18.2 规定的 C 型装置。

（2）消防排烟风机振动的测量：消防排烟风机的振动参照 JB/T 8689—1998 中规定的仪器和方法进行耐高温下的振动性能测量；测量部位应满足 JB/T 8689—1998 中 3.2 的规定。

5. 消防排烟风机试验安装要求

消防排烟风机耐高温试验和测量装置安装示意图如图 2-37 至图 2-39 所示。

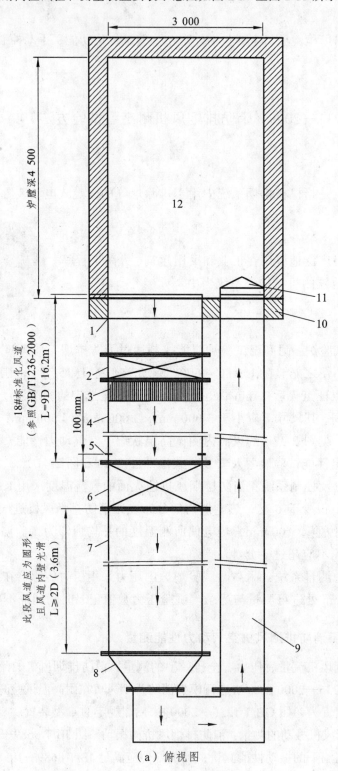

（a）俯视图

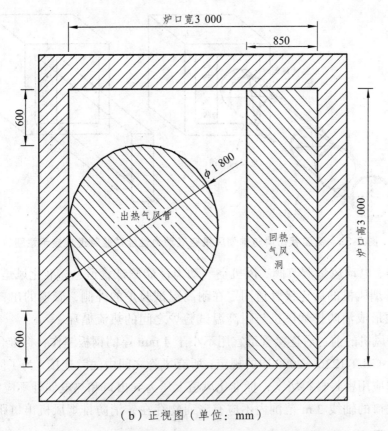

（b）正视图（单位：mm）

1—集流器；2—电动风量调节阀；3—整流栅；4—风机空气动力性能测试管道（标风道）；5—热电偶；
6—消防排烟风机；7，9—回风风洞管道；8—变径接头；10—炉门；11—风帽；12—耐高温试验炉炉膛

图 2-37　消防排烟风机耐高温试验和测量装置安装示意图

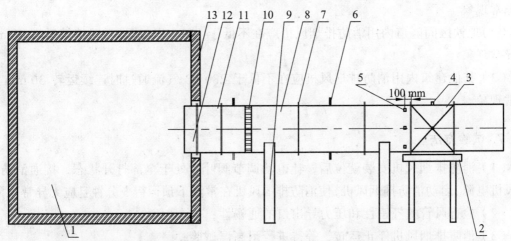

1—试验炉内部；2—支撑平台；3—消防排烟风机；4—测振仪传感器；5—热电偶；6—压力导出口；7—法兰；
8—标准化风道；9—支架；10—整流栅；11—电动风量调节阀；12—集流器；13—炉门

图 2-38　高温状态消防排烟风机空气动力性能试验（标准化风道）示意图

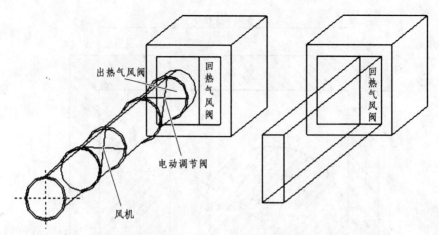

图 2-39 高温状态消防排烟风机空气动力性能试验管道连接示意图

将集流器、电动风量调节阀、风机空气动力性能测试管道（标准化风道）、消防排烟风机和消防排烟风机的后连接管道固定在耐高温试验炉的外侧，管道的出口与入口与炉内相通，以便形成消防排烟风机与耐高温试验炉之间的热流循环。

消防排烟风机的前、后连接管道宜用不小于 4 mm 厚的钢板制作，标准化风道的尺寸和形状应满足 GB/T 1236—2000 中的规定；所有风管之间由法兰连接，为了防止连接处漏气，法兰中间应用密封材料堵塞；标准化风道上压力导出口和热电偶处不应使风管漏气。

距风管进口的轴线 3 m 范围内不应有障碍物存在，消防排烟风机出口距障碍物的距离不应小于 3 m。

6. 消防排烟风机耐高温试验要求

（1）隧道区间隧道内用消防排烟风机应在不低于 250 ℃ 气流通过时连续运转 60 min 无异常现象。

（2）地铁区间隧道内用消防排烟风机应在不低于 150 ℃ 气流通过时连续运转 60 min 无异常现象。

（3）其他建筑内用消防排烟风机应在不低于 280 ℃ 气流通过时连续运转 30 min 无异常现象。

7. 试验方法

（1）消防排烟风机安装就位后，让电动调节阀叶片处于全部打开状态，接通消防排烟风机电源、启动消防排烟风机，使消防排烟风机在常温下预运行 5 分钟且应无异常现象；

（2）检查风管的气密性和压力导出口的通畅性；

（3）消防排烟风机停止运转，等待进行耐高温试验；

（4）耐高温试验炉点火，同时启动消防排烟风机使其运转；控制炉温，使通过消防排烟风机的气流温度在 2 分钟内达到标准试验温度，并在此温度下使消防排烟风机连续运转 30 min 无异常现象（对于隧道、地铁区间内等场所的消防排烟风机应在相应标准试

·90·

验温度下连续运转达到规定时间要求无异常现象）。

（5）标准试验温度应根据生产厂家提出的消防排烟风机耐高温性能选定，并应符合以下规定：

① 对于隧道区间隧道内用消防排烟风机，所选温度应不低于 250 ℃。

② 对于地铁区间隧道内用消防排烟风机，所选温度应不低于 150 ℃。

③ 对于其他建筑内用消防排烟风机，所选温度应不低于 280 ℃。

（6）消防排烟风机在耐高温试验过程中，调节电动调节阀叶片启闭状态（模拟纸贴片）控制通过消防排烟风机的风量，测量消防排烟风机耐高温状态下的空气动力性能；参照 GB/T 1236—2000 中规定的方法测量消防排烟风机的流量、压力和全压效率；参照 JB/T 8689—1998 中规定的方法测量消防排烟风机的振动（消防排烟风机在耐高温试验过程中的空气动力性能测试结果不作为判定依据，仅作实际扩展参考）。

（7）大于 18# 的消防排烟风机在进行耐高温试验时应安装在如图 2-40 和图 2-41 所示的电加热试验装置上进行。

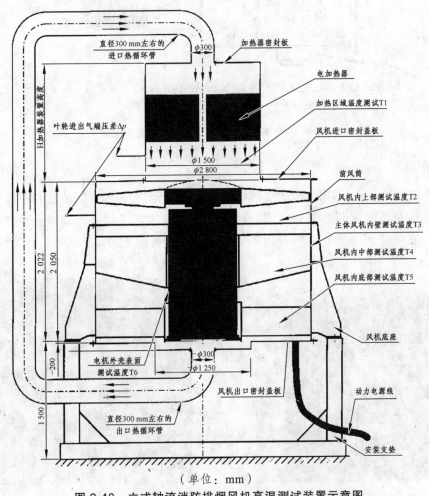

（单位：mm）

图 2-40 立式轴流消防排烟风机高温测试装置示意图

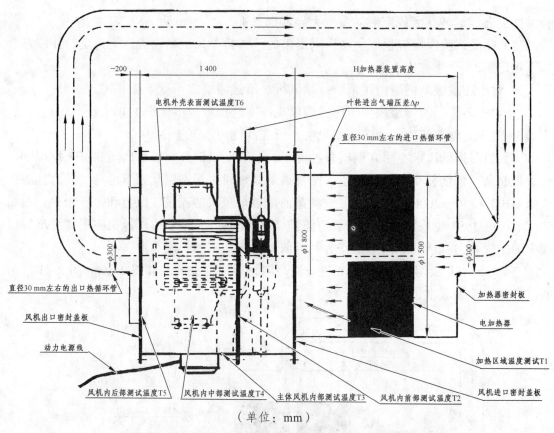

图 2-41　卧式轴流消防排烟风机高温测试装置俯视示意图

8. 判定准则

在整个试验过程中，应随时观察消防排烟风机的运转情况，记录试验温度、炉内压力、消防排烟风机的耐高温试验时间、消防排烟风机的空气动力性能以及消防排烟风机发生扫膛和其他异常现象发生的时间（实验前后的情况见图 2-42 和图 2-43）。

图 2-42　消防排烟风机耐高温试验前照片

图 2-43　消防排烟风机耐高温试验后照片

十八、GA 533—2012《挡烟垂壁》

1. 定 义

挡烟垂壁是指安装在吊顶或楼板下或隐蔽在吊顶内、火灾时能够阻止烟和热气体水平流动的垂直分隔物。

2. 适用场所

活动式挡烟垂壁适用于工业与民用建筑防烟分区，固定式挡烟垂壁可参照执行。挡烟垂壁是用不燃烧材料制成、从顶棚下垂不小于 500 mm 的固定或活动的挡烟设施。活动挡烟垂壁是指火灾时因感温、感烟或其他控制设备的作用而自动下垂的挡烟垂壁，主要用于高层或超高层大型商场、写字楼以及仓库等场合，能有效阻挡烟雾在建筑顶棚下横向流动，以利提高在防烟分区内的排烟效果，对保障人民生命财产安全起到积极作用（见图 2-44）。

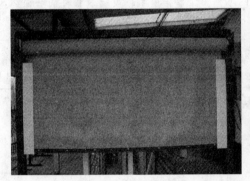 

图 2-44　室内建筑防烟分区的隔离

3. 技术要求

挡烟垂壁技术指标应符合表 2-41 至表 2-43 规定。

表 2-41　挡烟垂壁技术指标

序号	项 目		技术指标
1	通用要求	1. 外观	（1）挡烟垂壁应设置永久性标牌，标牌应牢固，标识内容清楚； （2）挡烟垂壁的挡烟部件表面不应有裂纹、压坑、缺角、空洞及明显的凹凸毛刺等缺陷；金属材料的防锈涂层或镀层应均匀，不得有斑驳、流淌现象； （3）挡烟垂壁的组装、拼接或连接等应牢固，符合设计要求，不应有错位和松动现象
		2. 材料	（1）挡烟垂壁应采用不燃材料制作； （2）制作挡烟垂壁的金属板材的厚度不应小于 0.8 mm，其熔点不应低于 750 ℃； （3）制作挡烟垂壁的无机纤维织物的拉伸断裂强力经向不应低于 600N，纬向不应低于 300N，其燃烧性能不应低于 GB 8624 A 级； （4）制作挡烟垂壁的玻璃材料应为防火玻璃，其性能应符合 GB 15763.1 的规定

序号	项 目		技 术 指 标
1	通用要求	3. 尺寸与极限偏差	（1）挡烟高度≥500 mm（注：最大值不应大于企业申请检测产品型号的公示值）； （2）单节高度（采用不然无机复合板、金属板材、防火玻璃灯材料制作刚性挡烟垂壁）≤2 000 mm，单节高度（采用金属板材、无机纤维织物等制作柔性挡烟垂壁）≤4 000 mm； （3）挡烟高度的极限偏差≤±5 mm； （4）挡烟垂壁的单节宽度≤±10 mm
		4. 漏烟量	在（200±15）℃和（25±5）Pa 差压时的漏烟量应≤25 m³/（m²·h），如果挡烟垂壁采用不渗透材料制作，且不含任何连接结构时，对漏烟量无要求
		5. 耐高温性能	挡烟垂壁在（620±20）℃的高温作用下，保持完整性的时间不应小于30 min
2	活动式挡烟垂壁附加性能要求	1. 运行控制装置	（1）活动式挡烟垂壁驱动装置的性能应符合附录 A 的规定（见下表 2）； （2）活动式挡烟垂壁控制器的性能应符合附录 B 的规定（见下表 3）
		2. 运行性能	（1）从初始安装位置自动运行至挡烟工作位置时，运行速度≥0.07 m/s，总运行时间≤60 s； （2）应设置限位装置，运行至挡烟工作位置的上、下限位时，应能自动停止
		3. 运行控制方式	（1）应与相应的感烟火灾探测器联动，当探测器报警后，挡烟垂壁应能自动运行至挡烟工作位置； （2）接受到消防联动控制设备的空子信号后，挡烟垂壁应能自动运行至挡烟工作位置； （3）系统主电源断电时，活动式挡烟垂壁应能自动运行至挡烟工作位置，其运行性能应符合 5.2.2 的规定
		4. 可靠性	应能经受 1000 次循环启闭运行试验，试验结束后，挡烟垂壁应能正常工作，直径为（6±0.1）mm 和截面尺寸（15±0.1）mm×（2±0.1）mm 的探棒不能穿过挡烟部件
		5. 抗风摆性能	活动式挡烟垂壁的表面垂直方向上承受（5±1）m/s 风速作用时，其垂直偏角应不大于 15°

表 2-42 活动式挡烟垂壁驱动装置的技术指标

序号	项 目	技 术 指 标
1	一般要求	驱动装置应按经规定程序批准的设计图样和技术文件制造。驱动装置安装使用的标准元器件应符合相关国家标准或者行业标准

序号	项 目		技术指标
2	外 观		（1）驱动装置外观应完好，不应有裂纹、变形、所有紧固、连接件应紧固牢靠，不应有松动现象； （2）涂覆部位表面应光滑，无气泡、裂纹、斑点、流挂等缺陷； （3）驱动装置应设有接地装置及接地标志； （4）每台驱动装置应在明显为止处设有清晰、耐久的产品铭牌，其内容包括：产品名称及型号、额定工作电压、频率、点击额定功率、输出扭矩和转速等主要技术参数，制造商名称或商标、地址、联系电话，产品制造日期和出厂编号，本标准代号以及检验合格标志
3	基本性能	1. 驱动运行性能	运行时应平稳顺畅，不应出现卡滞和异常声响，驱动额定负载下降的运行速度不应小于 0.07 m/s
		2. 限位性能	应设有自动限位装置，上、下限位为止在一定的范围内可以调整，挡烟垂壁运行至上、下限位位置时，应能自动停止，其停止为止与设定为止的偏差不应大于 ±15 mm
		3. 制动性能	应有制动功能，制动时应平稳可靠。当驱动装置静止时，在不小于 1.5 倍额定负载下，停止为止与设定为止的偏差不应大于 ±15 mm
		4. 电源适应性	可采用交流或直流电源供电，当交流工作电源电压为额定电压的 85% 和 110% 时，或直流工作电源电压为额定电压的 85% 时，驱动装置的基本性能均应符合 A.3.3 的要求
		5. 噪音	驱动装置空载运行时噪声不应大于 60 dB（A）
		6. 机械寿命	驱动装置在额定负载下连续启闭工作 1 000 次循环后，其零部件不应出现松动、损坏等现象，基本性能应符合 A.3.3 要求
		7. 电气安全性能	（1）绝缘电阻：对有绝缘要求的外部带电端子与外壳之间的绝缘电阻，在正常大气条件下应大于 20 MΩ，在空气中的相对湿度为（93±3）%，温度在 20 ℃～30 ℃ 的潮态下应大于 2 MΩ； （2）泄露电流与电气强度：应符合 GB 4706.1—2005 第 16 章的规定
		8. 耐气候环境性能	在标准中表 A.1 规定的气候环境下的各项试验，试验后驱动装置涂覆层应无破坏、表面无腐蚀现象，基本性能应符合 A.3.3 的要求
		9. 过载能力	在承受 1.2 倍额定负载时，应能正常运行，其驱动运行性能和限位性能应分别符合 A.3.3.1 和 A.3.3.2 的要求

表 2-43　活动式挡烟垂壁控制器的技术指标

序号	项　目	技术指标
1	一般要求	驱动装置应按经规定程序批准的设计图样和技术文件制造。驱动装置安装使用的标准元器件应符合相关国家标准或者行业标准
2	外观	（1）控制器的外壳应采用金属材料制成，外壳内外表面及使用的金属紧固件、支撑件，均应进行涂覆处理，涂覆层应牢固、均与、美观； （2）控制器中使用的紧固件应有锁紧措施，以保证在正常使用条件下，不会因振动而松动或移位； （3）控制器应设有接地装置及接地标志； （4）控制器的外壳应平整美观，面板字迹清晰醒目。个操作部件、显示器件应安装得当，并用中文标注其功能； （5）指示灯中，电源接通用绿色表示，运行用红色表示，火警信号用红色表示，故障信号用黄色表示； （6）控制器应设有现场控制按钮盒，其操作开关、按钮应方便使用，灵活、可靠； （7）每台驱动装置应在明显为止处设有清晰、耐久的产品铭牌，其内容包括：产品名称及型号、额定工作电压、频率、点击额定功率、输出扭矩和转速等主要技术参数，制造商名称或商标、地址、联系电话，产品制造日期和出厂编号，本标准代号以及检验合格标志
3	基本功能	（1）控制器应能与驱动装置配套使用并控制挡烟垂壁的正常运行； （2）控制器应能接收来自典型感烟火灾探测器的报警信号，发出声光指示信号，并控制挡烟垂壁下降至挡烟工作位置； （3）控制器应能接收来自消防联动控制设备的控制信号，在 3 s 内发出控制挡烟垂壁完成相应动作的信号，发出声光指示信号，并控制挡烟垂壁完成相应动作； （4）控制器应能将挡烟垂壁所处的正常安装位置（上限位）或挡烟工作位置（下限位）信息反馈至消防联动控制设备； （5）控制器应具有注、备电供电功能，并应符合下列要求：a、断电时应能自动转入备用电源工作，发出相应的信号，并控制挡烟垂壁下降至挡烟工作位置；b、主、备电源转换过程中，控制器不应发生误动作；c、备电容量应能满足挡烟垂壁下降至挡烟工作位置不少于 3 次； （6）控制器主电源应具备有过流保护元件，并易于更换； （7）控制器发生下述故障时，应在 60 s 内显示故障信号，并向消防联动控制设备发送故障信号
4	主电源电压适应范围	电压在交流额定电压的 85%～110%、频率在 49 Hz～51 Hz 范围内波动时，控制器应能正常工作
5	绝缘电阻	在正常大气条件下，控制器电源插头与外壳之间、其他有绝缘要求的外部连接带电端子与外壳之间的绝缘电阻应大于 20 MΩ

序号	项 目	技 术 指 标
6	通电连续运行性能	控制器通电连续运行 10 d 后，其基本功能应符合 B.3.3 的要求
7	耐瞬态过电压性能	应符合 GB 4706.1—2005 第 14 章的规定
8	耐气候环境性能	应能耐受标准中表 B.1 中所规定的气候环境条件下的各项试验，试验后驱动装置涂覆层应无破坏、表面无腐蚀现象，基本性能应符合 A.3.3 的要求
9	耐机械环境性能	应能耐受标准中表 B.1 中所规定的气候环境条件下的各项试验，试验后，试样应无机械损伤和紧固部件松动现象，基本功能应符合 B.3.3 的要求

4. 重点试验项目

（1）漏烟量：

① 试验试件 挡烟垂壁漏烟量试件由挡烟部件和安装框架组成，挡烟部件的有效面积为 1 000 mm×500 mm，挡烟部件安装在框架中，与框架的接触部分应密封（挡烟垂壁试件的结构应能代表实际产品的设计结构形式，如果实际产品设计结构在高度方向或（和）宽度方向上有某种连接结构，则试验用挡烟垂壁试件应含有此连接结构）。

② 试验设备 试件安装于图 2-45 所示位置，在启动引风机系统的进气阀和调节阀，能使试件前后的气体压差为 25±5 Pa，同时能通过加热装置使挡烟垂壁前 100±10 mm 处的温度为 200±15 ℃。

图 2-45 试件安装位置照片

③ 试验步骤如下：

a. 测量系统漏烟量测试 试件安装就位，其入口用不渗透的材料密封后启动引风机、调节引风机系统的进气阀和调节阀，使试件前后的气体压差为 25±5 Pa，控制炉内温度在 2 分钟内达到待 200±15 ℃，待稳定 60 s 后，按 GB/T 2624.1 和 GB/T 2624.2 中的规定测定该状态下的气体流量；每 1 min 测量一次，连续测量 5 分钟，取平均值；该值即为该状态下测量系统的漏烟量，用 Q_1 表示；然后，按下式转换成标准状态下的值 $Q_标_1$（如果 $Q_标_1$ 大于 5 m³/h，则应调整各连接处的密封情况，直到不大于 5 m²/h 为止），即：

$$Q_{标1} = Q_1 \times \frac{273}{273 + T_1} \times \frac{B_1 - P_1}{101 + 325}$$

式中：T_1 为实测的标准孔板后测量管道内的气体温度，单位为摄氏度（℃）；B_1 为实测的环境大气压力，单位为帕斯卡（Pa）；P_1 为实测的标准孔板前的气体压力，单位为斯卡（Pa）。

b. 测量系统和挡烟部件的漏烟量之和测试　拆掉试件与前连接管道连接处的不渗透材料，仍按照上述试验装置和控制条件进行试验测试，试件前后的气体压差为 25 ± 5 Pa，控制炉内温度在 2 min 内达到 200 ± 15 ℃，待稳定 60 s 后，按 GB/T 2624.1 和 GB/T 2624.2 中的规定测定该状态下的气体流量；每 1 min 测量一次，连续测量 5 min，取平均值；该值为该状态下测量系统和挡烟部件的漏烟量之和，用 Q_2 表示；然后按下式转换成标准状态下的值 $Q_{标2}$（如果挡烟垂壁挡烟部件由不渗透材料制作，而且单节内不含有任何连接结构时，可不做本项试验），即：

$$Q_{标2} = Q_2 \times \frac{273}{273 + T_2} \times \frac{B_2 - P_2}{101 + 325}$$

式中：$Q_{标2}$ 为换算为标准状态下的测量系统漏烟量与挡烟部件漏烟量之和，单位为立方米每小时（m^3/h）；Q_2 为实测的测量系统漏烟量与挡烟部件漏烟量之和，单位为立方米每小时（m^3/h）；T_2 为实测的标准孔板后测量管道内的气体温度，单位为摄氏度（℃）；B_2 为实测的环境大气压力，单位为帕斯卡（Pa）；P_2 为实测的标准孔板前的气体压力，单位为帕斯卡（Pa）。

c. 挡烟部件的单位面积漏烟量按下式计算，即：

$$Q = \frac{Q_{标2} - Q_{标3}}{0.5}$$

（2）耐高温性能：

① 试验试件　挡烟垂壁试件的结构应能代表实际产品的设计结构形式，如果实际产品设计结构在高度方向或（和）宽度方向上有某种连接结构，则试验用挡烟垂壁试件应含有此连接结构。需要注意的是，如果不受试验装置的炉口开口尺寸限制，挡烟垂壁试件应以其型号中明示的规格尺寸（全尺寸）进行试验，不能以全尺寸试验的试件，应选择可试验的最大尺寸。

② 试验装置　挡烟垂壁耐高温性能试验的耐火试验炉及炉内试验条件应符合 GB/T 9978.1—2008 中的规定，且应满足垂直分隔构件一面受火的条件，试验炉口开口尺寸应不小于 3 m×3 m。

③ 试验步骤如下：

a. 将挡烟垂壁安装在分隔构件上，并将分隔构件固定到耐火试验炉炉口处；

b. 按 GB/T 9978.1—2008 中规定的升温条件，将耐火试验炉内温度升至（620 ± 20）℃，并保持恒温，时间合计为 30 分钟；

c. 观察、测量并记录试件的完整性破坏情况（见图 2-46）。

图 2-46　挡烟垂壁试验后的照片

5. 出厂检验项目

出厂检验项目主要包括以下两个方面：

（1）通用检验项目主要有外观、材料、尺寸与极限偏差、漏烟量及耐高温性能等；

（2）活动式挡烟垂壁的附加检验项目主要有运行控制装置、运行性能、运行控制方式、可靠性和抗风摆性能等。

第三章

火灾防护产品强制性认证委托解析

火灾防护产品共分为防火材料、建筑耐火构件产品和消防防烟排烟设备产品三大类，涉及 10 类产品 18 个标准[详见火灾防护产品认证实施规则（CNCA-C18-02：2014）附件]。火灾防护产品强制性认证流程包括认证委托、工厂检查、型式试验、认证评价与决定，以及获证后监督等环节。本章将对火灾防护产品强制性认证申请流程进行介绍，其中重点对认证委托进行详细解析。

火灾防护产品强制性认证申请流程如图 3-1 所示。

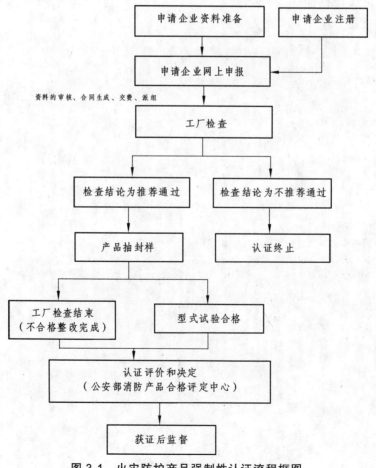

图 3-1　火灾防护产品强制性认证流程框图

火灾防护产品强制性认证流程图中第一步即申请企业注册和申请企业资料准备可同时进行，因为资料准备需要一个相对较长的时间，而企业注册会很快完成（企业注册通常可在注册申请后一周内完成）。第二步即网上申报本身是简单的流程，关键是看申请企业资料准备是否充分。认证委托实际上主要是认证流程图中的第一步和第二步工作，下面重点介绍此两步工作。

第一节　认证委托人注册

认证委托人（申请企业）注册前，先需准备好营业执照、组织机构代码证、企业税务登记证，整理后扫描存档。然后按下面的步骤进行网上注册：

（1）登陆公安部消防产品合格评定中心网站上通过"消防产品网上认证业务系统"（www.cccf.net.cn）；

（2）在网页上的左边，点击企业注册（见下图）；

（3）选择 2014 版进行注册（见下图）；

凡属初次认证委托的，应使用"消防产品网上认证业务系统"（2014版）进行认证委托，点击"2014版"进行注册

2014版

（4）进行企业信息填写（见下图）；

温馨提示您：标有"*"的信息为必填项，请务必填写真实有效的信息，申请企业信息一旦确认后不得更改。

申请用户		
用户名 *		请申请企业自行命名用户名，英文用户名5-20个字母，中文用户名5-10个汉字。
登录密码 *		请申请企业自定义登录密码
密码确认 *		请确认登录密码

申请企业信息

| 业务类型 * | -----请选择业务类型----- ▼ | 请选择业务类型 |

企业名称 * [_____]　请填写申请企业的名称（应与营业执照一致）

所在地区 * [中国 ▼] -请选择省- ▼ -请选择市- ▼ -请选择区县 ▼　请填写申请企业所属国家以及省份

企业组织机构代码证 * [_____]　请填写企业代码证(去除横杠后的9位编码)
注：国外或港澳台企业请输入9个0！

企业组织性质代码 * [--请选择-- ▼]　请选择企业组织性质代码

企业规模 * ◉ 小型　○ 中型　○ 大型　请选择企业规模

纳税人识别号 * [_____]　请填写纳税人识别号

纳税人类别 * ○ 一般纳税人　　○ 小规模纳税人　请选择纳税人类别

开户银行 * [_____]　请填写开户银行

银行账号 * [_____]　请填写开户银行账号

税务登记地址 * [_____]　请填写税务登记地址

税务登记电话 * [_____]　请填写税务登记电话

法定代表人 * [_____]　请填写申请企业的法定代表人

法人联系地址 * [_____]　请填写申请企业法定代表人的联系地址

法人联系电话 * [_____]　请填写申请企业法定代表人的联系电话

法人手机 * [_____]　请填写申请企业法定代表人的手机

注册地址 * [_____]　请填写企业的注册地址（应与营业执照一致）

注册资金 * [_____]（万元）　请填写企业的注册资金

经营范围 * [_____]　请填写企业的经营范围

通讯地址 * [_____]　请填写企业的通讯地址

邮编 * [_____]　请填写企业地址的邮政编码

联系人 * [_____]　请填写企业的联系人姓名

联系电话 * [_____]　请填写企业的联系电话

手机 * [_____]　请填写企业联系人的手机号码

传真 * [_____]　请填写企业的传真号码

电子邮件 * [_____]　请填写企业的电子邮箱

企业网址 : http:// [_____]　请填写企业网址

上传附件 :　[选择文件] 未选择文件　请上传营业执照复印件、组织机构代码证等

[增加附件]

☑ 我已阅读，理解并接受中国消防产品市场准入信息网注册条款

[提交注册信息]

注：其中组织机构代码证号，去掉"—"号，直接输入数字。纳税人识别号输入税务登记证上的号码。法人联系电话应填写固定电话，并在电话号码前填写区号。经营范围按照营业执照的所给范围全部填写上去。

（5）在注册页面的最后（见下图），按要求上传企业的营业执照、组织机构代码证、企业税务登记证，

（6）所有填写的信息核对无误后在 ☑ 我已阅读，理解并接受中国消防产品市场准入信息网注册条款 处打
"☑"。并点击 提交注册信息 进行提交；

（7）申请资料提交后，等待认证机构审批，只要上传资料真实且信息完善，认证机构通常会在几天内完成审批并同意注册。接到注册成功的通知后，申请企业就可以进行认证委托了。

第二节　认证委托人资料准备

认证委托人（申请企业）资料准备主要是硬件资料和软件资料的准备。硬件资料主要包括实际生产厂场所、设备、人力资源三部分内容；软件资料准备包括实际生产厂质量管理体系文件、火灾防护产品相关技术文件及记录、符合相关法律法规证明材料、相关协议书或合同、生产企业地理位置图五部分内容。

一、实际生产厂硬件资料准备

（1）场所准备主要是指火灾防护产品生产、检验、仓储的车间，以及人员基本的办公场所应满足企业设计生产能力的要求。

（2）设备的准备主要是指火灾防护产品生产和检验设备的准备，即设备基本配置应满足相应产品标准和实施细则的要求，同时设备数量要满足设计生产能力的要求。

（3）人力资源的准备主要是指熟悉火灾防护产品强制性认证规则的管理人员和技术人员的配备。

二、实际生产厂软件资料准备

（1）质量管理体系文件的准备主要是指企业应建立起符合火灾防护产品强制性认证实施规则、实施细则，以及相应产品标准的质量管理体系建立起的质量管理体系能有效运行。

（2）火灾防护产品相关技术文件及记录的准备主要是指产品设计文件的准备和产品一致性控制文件的准备。

产品设计是一个复杂的过程，至少包括产品设计和生产工艺流程设计。在进行调研和选型时，应收集起相关原材料和配件的检验报告，并验证其是否符合市场准入要求，即不符合要求的不能选用。同时，申请企业在完成初步设计后对相应的设计方案进行必要的验证，重点验证试生产的产品是否符合产品标准和认证实施细则的要求，以免认证委托因其产品型式试验不合格而造成认证终止。经过试验验证后，最终确定设计图纸（包括关键原材料及配件的选用），同时确定好认证单元划分，整个设计研发的过程做好相应的记录并对试生产产品进行拍照存档。

产品一致性控制文件的准备主要是指原材料检验控制文件及记录、关键工序控制文件及记录、例行检验和确认检验控制程序及记录等的准备。这些技术文件及记录的准备需要企业的管理和技术人员能够深刻领会认证规则和细则、产品标准的要求，以便使制定的相关控制文件和记录既符合要求又能够得到很好的运行。

（3）符合相关法律法规证明材料的准备主要是指实际生产厂符合环境保护、消防安全、安全生产的要求等。

实际生产厂应对新上项目进行过环境影响评估并得到地方环境保护部门的批复，实际生产场所应得到当地消防主管部门的消防验收，实际生产厂制定并严格执行的安全生产制度应符合安全生产相关要求。

（4）相关协议书或合同主要是指认证委托人、生产者、生产企业不同时所签订的有关协议书或合同，认证委托人应对相关协议书或合同进行扫描存档，以备认证委托时提交。

（5）生产企业地理位置图主要是指火灾防护产品实际生产厂的地理位置图，要求是比例尺为 1：20000 的地图，并注明相应的交通路线，而且在认证委托时还需要提交电子版的地理位置图。

第三节　认证委托人网上申报（认证委托）

在完成第一步的注册和资料准备后，认证委托人通过"消防产品网上认证业务系统"（ww.cccf.net.cn）向认证机构（公安部消防产品合格评定中心）提出实施细则涵盖产品的认证委托。

需要特别提醒的是：防火材料产品和消防防烟、排烟产品每次认证委托不得超过 10 个认证单元，对于超出 10 个认证单元的，应提交新的认证委托；建筑耐火构件产品每次认证委托不得超过 15 个认证单元，对于超出 15 个认证单元的，应提交新的认证委托。

具体认证委托步骤如下：

（1）进入网站后，在网页上的左边（见下图），点击企业登录；

（2）选择 2014 版进行登录（见下图）；

（3）输入用户名、密码、验证码进行登录（见下图）；

（4）登录后的界面如下图所示；

（5）根据认证需要选择认证委托申请，点击强制性认证申请（见下图）；

 强制性认证

（6）跳出下一界面，阅读后在最后"□"里打"√"并点击下一步（见下图）；

申请须知

一、委托强制性认证企业须知

1、委托认证企业必须严格按照《强制性产品认证实施规则》的规定建立并实施有效的产品质量管理和产品一致性控制要求，确保企业的质量保证能力符合实施规则的基本要求；

2、委托认证企业须严格遵守认证程序及时限要求，正常情况下，接到工厂检查通知后的30日内应接受工厂条件检查，并应在规定时间内完成对不符合项的整改工作，自抽样之日起15日内将样品送到指定检测机构进行检验，并按期缴纳相关费用；如遇特殊原因，必须及时通报公安部消防产品合格评定中心；

3、委托认证企业获证后，必须严格按照《强制性产品认证实施规则》的规定，正确使用强制性认证书和CCC认证标志。

4、委托认证企业获证后，所生产及销售的产品必须与型式试验样品保持一致，产品质量必须符合《强制性产品认证实施规则》和相关标准要求。若必须对涉及产品一致性的关键要素，如关键原材料、元器件/零配件、关键设计及主要生产工艺发生变更，以及生产场地搬迁、法人及主要技术人员发生变更时，获证企业必须及时向公安部消防产品合格评定中心申报，由评定中心按照《强制性产品认证实施规则》的有关要求安排确认工作。未经评定中心确认，不得出厂销售变更后的产品，对违规者，公安部消防产品合格评定中心将进行严肃处理，由此而导致的一切责任均由违规企业承担。

5、消防产品生产者须按照《消防产品监督管理规定》第十七条的规定，建立消防产品销售流向登记制度，如实记录产品名称、批次、规格、数量、销售去向等内容。

二、声明

我代表申请企业郑重声明：

1．本企业遵循"诚信第一"的认证基本原则，承诺遵守国家有关法律法规及《强制性产品认证实施规则》的所有要求及认证程序。

2．本企业同意按《强制性产品认证实施规则》的要求提供评价所需文件和资料，所提供的信息均真实有效，否则承担由此引起的一切法律责任。

3．本企业保证按《消防产品强制性认证合同书》及相关要求支付认证费用，并为实施强制性产品认证工作提供所需要的资源。

4．本企业将妥善保管产品检验报告、工厂检查报告和认证变更确认等认证的相关资料，以备证后监督工作时使用，公安部消防产品合格评定中心将不承担应由产品生产者或销售商应承担的法律责任。

5．本企业完全接受《申请企业须知》中所涉及的全部内容。

三、申请企业承诺

我代表申请企业郑重承诺：

1．始终遵守认证计划安排的有关规定；

2．为进行评价做出必要的安排，包括配合检查组的工作、允许检查组进入需进行检查的区域、查阅所有的记录（包括内部审核报告、人员评价文件等）、提供必要的交通工具等；

3．按合同规定和相关规定，及时缴纳各项费用，及时从"中国消防产品信息网"及评定中心网站（www.cccf.net.cn）获取相关信息；

4．按有关法律法规、规章的要求，正确使用强制性认证证书和CCC标志；

5．谨慎使用产品认证结果，不损害公安部消防产品合格评定中心的声誉；不对社会产生误导，不未经许可发表声明；

6．当证书被暂停、撤销、中止认证程序时，立即停止涉及认证内容的广告及宣传，并按要求将所有认证文件（至少应包含强制性产品认证证书）交回公安部消防产品合格评定中心，封存CCC标志；

7．在传播媒体中对产品认证内容的引用，应符合国家的相关要求。

☐ 我已阅读，理解并接受申请条款

下一步

（7）申请类别选择（见下图）；

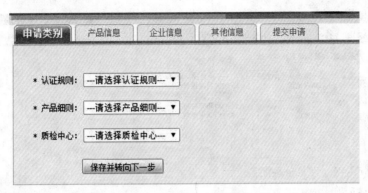

（8）根据拟申请产品类别，选择认证规则、产品细则、质检中心，比如防火卷帘产品认证委托，做相应选择后如下图所示；

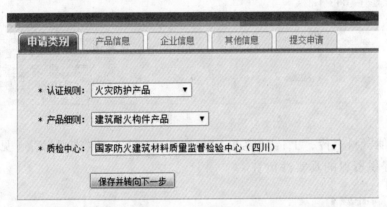

（9）申请产品的大类、认证产品名称、型号规格的选择和填写，填写完毕点击"保存"进行保存（见下图）；

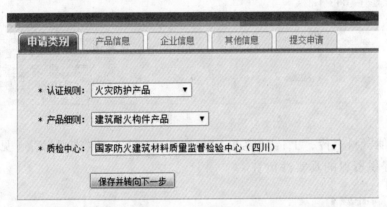

（10）产品信息上传，上传完毕后点击"下一步"（见下图）；

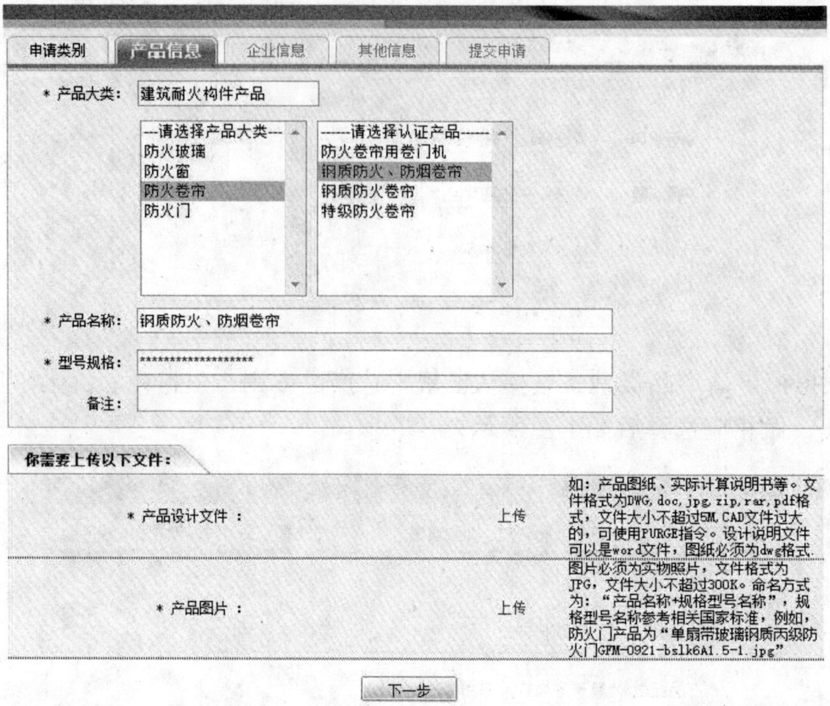

（11）其他资料上传，上传完毕点击"保存并转向下一步"进行保存（见下图），认证委托人应对提供资料的真实性负责。

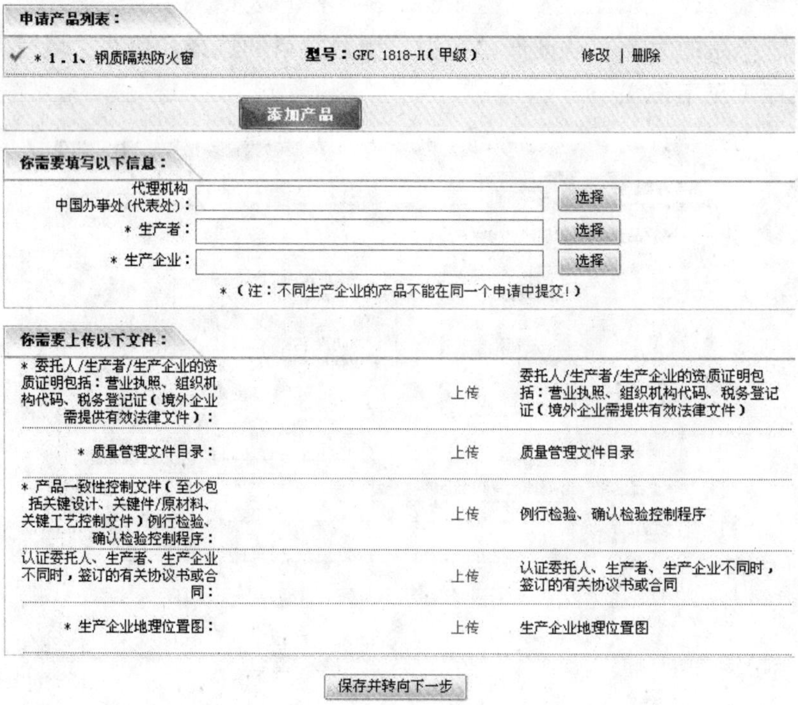

（12）点击右侧的"选择"，完成"生产者"与"生产企业"的其他信息（见下图）；

你需要填写以下信息：

代理机构 中国办事处（代表处）：		选择
* 生产者：		选择
* 生产企业：		选择

* （注：不同生产企业的产品不能在同一个申请中提交！）

（13）最后提交申请，在企业登录后的进行中的认证申请栏内会出现申请信息（见下图），认证委托方可根据通过"当前环节"了解申请的进度。

📄 进行中的认证申请						更多
申请编号	申请时间	产品类别	申请类型	当前环节	通知	操作
SQ20141029	2014- -	建筑耐火构件产品	初始认证委托申请			查看 作废

第四节 认证委托的受理

认证委托提交后，认证机构（公安部消防产品合格评定中心）将对认证委托资料进行审核。对于符合要求的，在5个工作日内发出受理并签订认证合同通知；对于不符合要求的，在5个工作日内通知认证委托人补正资料，补正资料后重新提交。

（1）认证委托出现下列情形之一的，认证机构将不予受理。

① 不符合国家产业政策；

② 认证委托人、生产者、生产企业不能提供有效工商营业执照、组织机构代码、税务登记证（境外企业需提供有效的法律文件）；

③ 以 ODM 生产方式的委托认证；

④ 对同一单元产品重复认证或命名、型号规格等形式不同，但实质为同一单元产品的重复认证；

⑤ 以 OEM 生产方式提出委托认证，其生产企业为 D 类生产企业；

⑥ 有关法律法规、实施规定、实施细则规定不得受理的情形。具体生产企业类别划分见强制性认证实施细则。

（2）如果认证委托审核不符合要求，认证机构将在"申请最新消息栏"内进行通知（见下图）。

📄 申请最新消息，请及时查阅！					更多
标题	发出部门	发出人	发出时间	是否已读	操作
文件审查不通过(SQ20141029)			2014- -	已读	详细信息

（3）如果认证委托审核符合要求，认证机构则在"申请最新消息栏"内通知企业缴费（见下图）。

申请最新消息，请及时查阅！					更多
标题	发出部门	发出人	发出时间	是否已读	操作
催缴通知书	认证业务处		2014-11-	已读	详细信息
收费通知单（单号：SF201411	认证业务处		2014-11-	已读	详细信息

（4）认证委托方缴费后，认证机构将通知认证委托方进行合同打印（见下图）。

申请最新消息，请及时查阅！					更多
标题	发出部门	发出人	发出时间	是否已读	操作
合同打印(CCC201411　　　)	认证业务处		2014-11-	已读	详细信息

（5）认证委托方点击网站左侧的 [合同信息] 可查询本企业与认证机构的所有合同信息（见下图）。

以下是贵公司申请产品认证签订的合同信息，请查阅！			
合同号	产品名称	业务类型	审核时间
CCC201411		强制性认证	2014-11-

共 1 条记录　第 1/1页　　　　首页 ｜ 前一页 ｜ 下一页 ｜ 末页　转到 [1 ▼] 页

（6）点击相应认证委托合同号进行合同打印，合同打印一式两份打印并签字盖章后邮寄至认证机构公安部消防产品合格评定中心。

（7）认证委托合同签订并生效之后，网上流程进入选派工厂检查人员环节（见下图）。

进行中的认证申请						更多
申请编号	申请时间	产品类别	申请类型	当前环节	通知	操作
SQ201410	2014-10-	建筑耐火构件产品	初始认证委托申请	选派工厂检查人员	(0)	查看 作废

（8）选派工厂检查人员完毕后，认证机构将给认证委托方发出工厂检查通知（见下图）。

申请最新消息，请及时查阅！					更多
标题	发出部门	发出人	发出时间	是否已读	操作
工厂检查通知	评定中心		2014-11-	已读	详细信息

（9）到了工厂检查环节，认证委托人应积极与工厂检查组联系，确认认证委托申请资料的审查情况和工厂检查时间安排；相关情况确定后，实际生产厂就应着手准备迎接工厂检查了。下一章（第四章）将对工厂检查要求进行解析；第五章将重点介绍产品一致性检查要求，以便火灾防护产品实际生产厂能够更好的配合好现场检查工作。

（10）火灾防护产品强制性认证规则规定：认证机构对企业质量保证能力和产品一致性检查、型式试验的结论和有关资料（信息）进行综合评价，作出认证决定。对符合认证要求的，颁发认证证书；对存在不合格结论的，认证机构不予批准认证委托，即认证终止。

（11）按照强制性认证流程，当工厂检查和型式试验完成后，应把工厂检查报告和产品检验报告上传至认证机构，认证流程即进入认证评价与决定环节。通常，认证机构在进行认证评价时主要审核以下内容：

① 认证所需资料是否提交齐全；

② 工厂检查和产品检验结论是否符合要求；

③ 认证委托人所提供信息是否真实可靠；

④ 认证所需费用是否缴纳完毕。

（12）当以上内容均核实完毕，符合认证要求的，颁发认证证书；对存在不合格结论的，认证机构不予批准认证委托，即认证终止。

第四章

工厂检查要求解析

　　按照火灾防护产品强制性认证规则的规定，认证委托受理后的认证流程就是工厂检查。工厂检查是整个认证过程中重要的环节之一，是确定认证委托人能否符合获证要求的关键环节。工厂检查的目的主要是核实实际生产厂生产检验设备、工艺条件及人力资源与相关产品认证要求的符合程度，并对生产厂建立的质量管理体系与相关产品认证要求的符合程度及运行有效性进行评价。工厂检查的依据是相关产品认证实施规则、细则和产品标准、受检查方质量手册及相关的质量体系文件、生产指导文件，以及相关的法律法规。工厂检查的范围是质量管理体系过程及申请认证产品涉及的部门、区域、人员和设备。

　　火灾防护产品强制性认证实施规则规定：工厂检查组按照《消防产品工厂检查通用要求》（GA 1035）和认证实施细则的有关要求对实际生产厂进行工厂条件检查。工厂检查流程共分三步，即文件审查、现场检查和检查资料提交，其中现场检查内容有工厂质量保证能力检查、工厂产品一致性控制检查和产品一致性核查。本章第一节介绍文件审查要求，第二节介绍工厂质量保证能力要求并对现场检查 11 条进行详细解析，第三节介绍工厂产品一致性控制要求，第四节介绍工厂检查流程，即对工厂检查过程进行介绍。

第一节　文件审查要求

　　现场检查前，检查组长应按检查准则的要求对文件和资料的符合性、完整性进行审查，并作出文件审查结论。文件审查应在 7 个工作日内完成。

1. 文件审查的内容

　　（1）认证委托人提供的工厂信息及产品信息；

　　（2）工厂质量管理体系的基本情况；

　　（3）工厂组织机构及职能分配的基本情况；

　　（4）认证产品的特点及生产工艺流程；

　　（5）指定检验机构出具的产品检验报告及经确认的产品特性文件；

（6）获证产品证书信息和产品生产、销售流向登记制度情况，以及标志使用情况（适用时）；

（7）工厂及获证产品变更情况等（适用时）；

（8）认证证书暂停期间，工厂采取整改措施情况（适用时）。

文件审查通过的，检查组长应立即通过"消防产品认证业务系统"上报文件审查结论；文件审查不通过的，应在2个工作日内形成文件审查报告并通过"消防产品认证业务系统"上报。

文件审查时发现认证资料不符合工厂检查准则的，不得进行现场检查及后续活动。

2. 火灾防护产品初次认证申请的重点核实内容

（1）质量管理体系是否建立健全；

（2）是否提交了符合要求的生产企业地理位置图；

（3）是否建立符合要求的产品一致性控制文件（至少包括关键设计、关键件/原材料、关键工艺控制文件）、例行检验和确认检验控制程序；

（4）是否提交了符合要求的资质证明材料；

（5）提交的产品技术文件（产品设计文件、产品图片）是否符合相关认证要求。

第二节　工厂质量保证能力要求

工厂质量保证能力应持续满足强制性产品认证的要求，工厂质量保证能力检查主要是针对工厂质量保证能力11条（A.1～A.11）的检查，编制组根据工厂检查员多年的检查经验按照11条的顺序进行解析。

A.1 职责和资源

对于第A.1条，检查组通常会重点核实企业的生产设备和检验设备是否满足生产和检验的最低配置要求，同时会要求企业检验员现场操作设备进行检验见证，核实企业设备能力和人员检验能力。

A.1.1　职　责

工厂应规定与质量活动有关的各类人员的职责及相互关系。

工厂应在组织内指定一名质量负责人。质量负责人应具有充分的能力胜任本职工作，无论其在其他方面的职责如何，应具有以下四方面的职责和权限：

a. 负责建立满足本标准要求的质量体系，并确保其实施和保持；

b. 确保加贴强制性认证标志的产品符合认证标准的要求；

c. 建立文件化的程序，确保认证标志的妥善保管和使用；

d. 建立文件化的程序，确保变更后未经认证机构确认的获证产品，不加贴强制性认证标志。

对于第 A.1.1 条，检查组将会重点关注以下四点：

（1）与质量活动有关的各类人员的职责和相互关系是否已规定，规定的充分性、适宜性、协调性如何；

（2）工厂是否指定了质量负责人，其是否被赋予了 A.1.1（a～d）规定的职责和权限；

（3）通过对相关过程和活动的审核，确定质量负责人是否具有充分的能力胜任本职工作；

（4）通过对相关过程和活动的审核，评定各类人员职责的履行情况。

A.1.2 资 源

工厂应配备必要的生产设备和检验设备，以满足稳定生产符合强制性认证标准产品的要求；应配备相应的人力资源，以确保从事对产品质量有影响的人员具备必要的能力；建立并保持适宜产品生产、检验、试验、储存等所需的环境。

对于第 A.1.2 条，检查组将会重点关注以下三点：

（1）工厂是否确定了对认证产品质量有影响的各岗位人员的能力要求，通过何种措施使人员满足岗位能力要求，目前各岗位人员的能力是否符合要求；

（2）通过对相关过程和活动的审核，判定企业提供的资源是否充分和适宜，对资源是否实施了有效的管理和控制；

（3）当资源发生变化时，工厂是否有畅通的渠道以便及时了解相应的信息，是否能及时采取措施保证其资源满足认证产品稳定生产。

A.2 文件和记录

A.2.1 工厂应建立并保持文件化的认证产品质量计划，以及为确保产品质量的相关过程有效运作和控制所需的文件。质量计划应包括产品设计目标、实现过程、检验及有关资源的确定，以及产品获证后对获证产品的变更（标准、工艺、关键件等）、标志的使用管理等规定。

产品设计标准或规范应是质量计划的一个内容，其要求应不低于认证实施规则中规定的标准要求。

对于第 A.2.1 条，检查组将会重点关注以下两点：

（1）按 A.2.1 的要求查阅针对认证产品制定的质量计划及相关的过程管理文件或程序文件，并在现场审查时核实质量计划的可行性和有效性；

（2）查阅标准、规范一览表（或类似文件），确认生产厂使用的标准及规范不低于强制性认证标准的要求。

A.2.2 工厂应建立并保持文件化的程序，以对本标准要求的文件和资料进行有效控制。这些控制应确保：

a. 文件发布和更改前应由授权人批准，以确保其适宜性；

b. 文件的更改和修订状态得到识别，防止作废文件的非预期使用；

c. 确保在使用处可获得相应文件的有效版本。

对于第 A.2.2 条，检查组将会重点关注以下三点：

（1）工厂是否制定了文件和资料的控制程序；

（2）查阅程序文件，其内容是否覆盖了 A.2.2（a~c）中的规定；

（3）在现场审查时，核实其规定的要求是否得到落实。

A.2.3　工厂应建立并保持质量记录的标识、储存、保管和处理的文件化程序，质量记录应清晰、完整，以作为过程、产品符合规定要求的证据。质量记录应有适当的保存期限。

对于第 A.2.3 条，检查组将会重点关注如下四点：

（1）查阅管理质量记录的程序文件（或类似文件），程序对质量记录的标识、储存、保管、处理是否进行了规定，规定是否充分和适宜；

（2）在现场审查中，随机抽取保存的质量记录（一般以近期的质量记录为宜）和现场使用的质量记录，确认规定和实施的符合性；

（3）工厂是否对所有质量记录都规定了保存期限，以及规定是否适宜；

（4）质量记录的填写是否清晰、完整。

A.3　采购和进货检验

A.3.1　供应商的控制

工厂应建立对关键元器件和材料的供应商的选择、评定和日常管理的程序，以确保供应商保持生产关键元器件和材料满足要求的能力。

工厂应保存对供应商的选择评价和日常管理记录。

对于第 A.3.1 条，检查时将会重点关注如下三点：

（1）工厂是否制定了对供应商的选择、评价和日常管理的程序，选择、评价的准则和日常管理的方法是否明确、适宜；

（2）工厂是否按程序的要求对供应商进行了选择、评定及日常管理；

（3）工厂是否保存了相应的记录，如供应商的有效年度年检营业执照及年度评价表等。

A.3.2　关键元器件和材料的检验、验证

工厂应建立并保持对供应商提供的关键元器件和材料的检验或验证的程序及定期确认检验的程序，以确保关键元器件和材料满足认证所规定的要求。

关键元器件和材料的检验可由工厂进行，也可由供应商完成。当由供应商检验时，工厂应对供应商提出明确的检验要求。

工厂应保存关键件检验或验证记录、确认检验记录和供应商提供的合格证明及有关检验数据等。

对于第 A.3.2 条，检查时将会重点关注如下五点：

（1）是否制定了关键元器件和材料的检验/验证及定期确认检验的程序，以及程序规定是否适宜；

（2）按程序文件（或类似文件）规定的要求，查阅相关记录，确认其符合性和有效性；

（3）当由供应商进行检验时，工厂是否对检验提出了明确的要求；

（4）通过查阅生产厂对关键元器件合格率或类似内容的统计信息确认生产厂对关键元器件的检验或验证控制程序是否可行或有效；

（5）相关记录是否保存、是否符合要求。

A.4 生产过程控制和过程检验

A.4.1 工厂应对生产的关键工序进行识别，关键工序操作人员应具备相应的能力，如果该工序没有文件规定就不能保证产品质量时，则应制定相应的工艺作业指导书，使生产过程受控。

对于第 A.4.1 条，检查时将会重点关注以下三点：

（1）通过查阅相关文件和现场观察，确认工厂是否明确了关键生产工序；

（2）通过查阅关键工序操作人员的培训记录，并结合现场调查的情况，判断操作人员是否具备相应的能力；

（3）在现场审查时，注意在规定有工艺作业指导书的工序上，工艺作业指导书是否为有效版本，是否明确了控制要求；操作人员是否按工艺作业指导书进行操作。

A.4.2 产品生产过程中如对环境条件有要求，工厂应保证生产环境满足规定的要求。

对于第 A.4.2 条，检查时将会重点关注如下两点：

（1）通过询问或查阅相关文件的方式确认工厂是否识别出生产过程中对环境的要求；

（2）按照规定的要求，采用查阅记录和现场观察的方法，确认环境条件是否得到满足。

A.4.3 可行时，工厂应对适宜的过程参数和产品特性进行监控。

对于第 A.4.3 条，检查时将会重点关注以下两点：

（1）通过查阅相关规定和调查询问的方式，确定有无需要进行监控的过程参数和产品特性（如焊接温度等）；

（2）通过查阅相关记录和现场观察的方式，了解对过程参数和产品特性进行监控的情况，确认其实施的符合性和有效性。

A.4.4 工厂应建立并保持对生产设备进行维护保养的制度。

对于第 A.4.4 条，检查时将会重点关注以下三点：

（1）查阅与生产设备维护保养相关的文件，了解维护保养的要求；

（2）按文件规定的要求，抽查维护保养计划和记录，确认其计划实施的符合性和有效性；

（3）在现场通过观察和询问的方式了解生产设备的运行状态。

A.4.5 工厂应在生产的适当阶段对产品进行检验，以确保产品及零部件与认证样品一致。

对于第 A.4.5 条，检查时将会重点关注以下三点：

（1）通过查阅相关文件和询问的方式，明确检验或试验的工位（或类似检验、试验点）；

（2）通过在现场查阅记录和观察的方式，确认其实施结果可否达到检验的目的；

（3）当无法实现检验目的时，请生产厂给出合理的解释，并确认其为实现检验目的所采用的保证方式。

A.5 例行检验和确认检验

工厂应建立并保持文件化的例行检验和确认检验程序，以验证产品满足规定的要求。检验程序中应包括检验项目、内容、方法、判定等。工厂应保存检验记录。具体的例行检验和确认检验要求应满足相应产品认证实施规则的要求。

对于第 A.5 条，检查时将会重点关注以下三点：

（1）工厂是否制定文件化的例行检验和确认检验程序，其规定是否适宜；规定的例行检验项目，企业是否能够自己完成。确认检验项目是否规定了不能完成项目的具体委托机构，是否规定了确认检验的抽样方法；

（2）工厂是否按程序要求进行例行检验和确认检验；

（3）工厂是否保存相关记录。

A.6 检验和试验设备

工厂应对用于检验和试验的设备进行定期校准和检查，并满足检验和试验能力。

工厂的检验和试验的设备应有操作规程，其检验人员应能按操作规程要求，准确地使用设备。

对于第 A.6 条，检查时将会重点关注以下三点：

（1）查阅有关检验和试验设备的相关规定，并确认其能否保证检验和试验设备满足检验和试验能力要求；

（2）现场审查时，观察检验人员是否按操作规程使用仪器设备；

（3）通过现场观察和抽查检验人员培训记录等方式确认检验人员是否有能力准确使用仪器设备。

A.6.1 校准和检定

工厂对用于确定所生产的产品符合规定要求的检验和试验设备应按规定的周期进行校准或检定。校准或检定应溯源至国家或国际基准。对自行校准的，应规定校准方法、验收准则和校准周期等。设备的校准状态应能被使用及管理人员方便地识别。应保存设备的校准记录。

对于第 A.6.1 条，检查时将会重点关注以下五点：

（1）查阅检验和试验设备一览表，确认其中的信息（包括校准或检定周期、校准或检定状态等）是否满足要求；

（2）通过计量溯源图、计量机构的声明或类似文件了解溯源情况；

（3）对自行校准的情况，查阅其规定，并确认是否合理、有效；

（4）抽查现场使用的检验和试验设备是否有校准或检定记录，是否有易于识别的校准状态标识；

（5）抽查保存的校准或检定记录，确认记录是否保存完好（查看校准的数据是否能够覆盖仪器设备的常用量程）。

A.6.2　运行检查

工厂对用于例行检验和确认检验的设备应进行日常操作检查和运行检查。当发现运行检查结果不能满足规定要求时，应能追溯至已检验过的产品。必要时，应对这些产品重新进行检验。工厂应规定操作人员在发现设备功能失效时需采取的措施。

工厂对运行检查结果及采取的调整等措施应进行记录。

对于第 A.6.2 条，检查时将会重点关注以下七点：

（1）工厂对用于例行检验和确认检验的设备是否规定了运行检查程序，其中的检查要求是否明确；

（2）工厂对用于运行检查的样件是否进行了有效控制；

（3）通过查阅运行检查记录和询问的方式，了解运行检查是否按要求得到实施，是否保存了相应的记录；

（4）通过查阅相关规定和询问设备操作人员的方式，了解操作人员在发现设备功能失效时，是否并如何采取措施；

（4）工厂对发现设备失效时所采取的评价方法及相应措施是否适当；

（6）抽查运行检查记录，并与现场调查的情况相比较；

（7）工厂对设备失效时的结果评价及处理措施是否进行了记录。

A.7　不合格品的控制

工厂应建立和保持不合格品控制程序，内容应包括不合格品的标识方法、隔离和处置，以及采取的纠正、预防措施；对经返修、返工后的产品应重新检验；对重要部件或组件的返修应作相应的记录；应保存对不合格品的处置记录。

对于第 A.7 条，检查时将会重点关注以下七点：

（1）查阅不合格品的控制程序，确认其内容是否满足要求；

（2）工厂对不合格品的控制是否按规定的要求在执行；

（3）工厂对发现的不合格品是否按规定进行了标识、隔离和处置；

（4）查阅进货检验、过程检验和最终检验的不合格品记录，查看其处置情况是否按要求执行；

（5）随机抽查返工、返修品的记录，确认其操作是否按规定执行；

（6）注意调查关键元器件和完成品的不合格品率是否超出正常范围；

（7）对需要采取纠正和（或）预防措施的不合格是否按规定采取了相应的有效措施，效果如何。

A.8 内部质量审核

工厂应建立和保持文件化的内部质量审核程序,确保质量体系运行的有效性和认证产品的一致性,并记录内部审核结果。

对工厂的投诉,尤其是对产品不符合标准要求的投诉应保存记录,并应作为内部质量审核的信息输入。

对于第 A.8 条,检查时将会重点关注以下三点:

(1)抽查最近一两年的内审记录,重点查阅对认证产品一致性和体系有效性的审核结果;

(2)在查阅内审记录时,注意其中的内审输入信息中是否包括了投诉信息,特别是对认证产品不符合标准要求的投诉,要予以重点关注;

(3)通过抽查记录、询问调查和现场调查的方式,确认内审中发现的问题是否得到了有效纠正,认为有可能影响产品质量的隐患是否采取了相应的预防措施。

(4)工厂对审核中发现的问题是否采取了纠正和预防措施,是否进行了记录。

A.9 认证产品的一致性

工厂应对批量生产产品与型式试验合格的产品的一致性进行控制,以使认证产品持续符合规定的要求。

A.10 获证产品的变更控制

工厂应建立并保持文件化的变更控制程序,以确保认证产品的设计、采用的关键件和材料,以及生产工序工艺、检验条件等因素的变更得到有效控制。获证产品涉及以下变更的,工厂在实施前应向评定中心申报,获得批准后方可执行。

a. 产品设计(原理、结构等)的变更;

b. 产品采用的关键件和关键材料的变更;

c. 关键工序、工序及其生产设备的变更;

d. 例行检验和确认检验条件和方法变更;

e. 生产场所搬迁、生产质量体系换版等变更;

f. 其他可能影响与相关标准的符合性或型式试验样机的一致性的变更。

对于第 A.9 条、A.10 条,检查时将会重点关注以下四点:

(1)当有批量产品生产时,依据型式试验合格样品的描述、确认批量生产出来的认证产品和样品是否一致;

(2)通过样品描述,确认是否有变更;如有变更,是否经认证机构批准;

(3)在对生产厂进行日常监督时,应确认加贴认证标志的产品是否与型式试验合格的样品相一致,变更是否经认证机构批准;

(4)在现场审查时,不仅要关注成品的一致性,还会关注关键件的一致性。

A.11 包装、搬运和储存

工厂的包装、搬运、操作和储存环境应不影响产品符合规定标准的要求。

对于第 11 条，检查时将会重点关注以下三点：

（1）在现场审查时，通过查阅与包装、搬运和储存相关的规定，抽查相关记录和现场观察等方式，确认其规定是否正确实施；

（2）认证产品在包装、搬运和储存期间是否出现过严重的质量问题；

（3）工厂的操作人员是否明确产品包装、搬运和储存的相关要求，特别是特殊物资的控制要求。

第三节　工厂产品一致性控制要求

工厂产品一致性控制的目的是为了保证工厂批量生产的认证产品与认证时型式试验合格样品的一致性。

B.1 产品一致性控制文件

B.1.1　工厂应建立并保持认证产品一致性控制文件。产品一致性控制文件至少应包括：

a. 针对具体认证产品型号的设计要求、产品结构描述、物料清单（应包含所使用的关键元器件的型号、主要参数及供应商）等技术文件；

b. 针对具体认证产品的生产工序工艺、生产配料单等生产控制文件；

c. 针对认证产品的检验（包括进货检验、生产过程检验、成品例行检验及确认检验）要求、方法及相关资源条件配备等质量控制文件；

d. 针对获证后产品的变更（包括标准、工艺、关键件等变更）控制、标志使用管理等程序文件。

B.1.2　产品设计标准或规范应是产品一致性控制文件的其中一个内容，其要求应不低于该产品认证实施规则中规定的标准要求。

B.2 批量生产产品的一致性

工厂应采取相应的措施，确保批量生产的认证产品至少在以下方面与型式试验合格样品保持一致。

a. 认证产品的铭牌、标志、说明书和包装上所标明的产品名称、规格和型号；

b. 认证产品的结构、尺寸和安装方式；

c. 认证产品的主要原材料和关键件。

B.3 关键件和材料的一致性

工厂应建立并保持对供应商提供的关键元器件和材料的检验或验证的程序，以确保关键件和材料满足认证所规定的要求，并保持其一致性。

关键件和材料的检验可由工厂进行，也可由供应商完成。当由供应商检验时，工厂应对供应商提出明确的检验要求。

工厂应保存关键件和材料的检验或验证记录、供应商提供的合格证明及有关检验数据等。

B.4　例行检验和确认检验

工厂应建立并保持文件化的例行检验和确认检验程序，以确保验证产品满足规定的要求，并保持其一致性；检验程序中应包括检验项目、内容、方法、判定准则等；应保存检验记录。工厂生产现场应具备例行检验项目和确认检验项目的检验能力。

B.5　产品变更的一致性控制

工厂建立的文件化变更控制程序应包括产品变更后的一致性控制内容。获证产品设计 A.10 规定的变更，经评定中心批准执行后，工厂应通知到相关职能部门、岗位和（或）用户，并按变更实行产品一致性控制。

第四节　工厂检查流程

火灾防护产品强制性认证规则对实际生产厂的总体要求是工厂质量保证能力、工厂产品一致性控制、产品一致性均符合认证规则要求。

工厂现场检查的实施一般分为首次会议、收集和验证信息、检查发现及沟通、确定检查结论及末次会议五个工作阶段。

当检查过程中发现的不符合项已导致或有可能导致工厂质量保证能力或产品一致性不符合要求时，检查组出具不合格报告。不合格性质分为严重不合格和一般不合格。

（1）出现下述情况之一的，属于严重不合格。

① 工厂违反国家相关法律法规；

② 工厂质量保证能力的符合性、适宜性和有效性存在严重问题；

③ 在生产、流通、使用领域发现产品一致性不符；

④ 工厂未在规定期限内采取纠正措施或在规定期限内采取的纠正措施无效；

⑤ 受检查方的关键资源缺失；

⑥ 认证使用的国家标准、技术规范或认证实施规则变更，持证人未按要求办理相关变更手续；

⑦ 产品经国家/行业监督抽查不合格，并未完成有效整改；

⑧ 持证人未按规则使用证书、标志或未执行证书、标志管理要求；

⑨ 证书暂停期间仍销售、安装被暂停证书产品；

⑩ 经查实采取不正当手段获得证书；

⑪ 工厂违反消防产品身份信息管理的有关规定；

⑫ 违反消防产品认证机构的其他规定。

（2）不足以影响认证通过的，属于一般不合格。

现场检查结论分为推荐通过和不推荐通过：

① 未发现不合格或发现的不合格为一般不合格时，工厂检查结论为推荐通过；

② 发现的不合格为严重不合格时，工厂检查结论为不推荐通过。

工厂应在消防产品认证机构规定的时限内向检查组长提交纠正措施实施计划，并在规定的时间内有效实施纠正措施。

工厂不提交纠正措施、超过规定时限提交纠正措施、提交后未在规定的时限内实施纠正措施以及实施的纠正措施无效的，工厂检查结论应为不推荐通过。

需对纠正措施实施现场验证的，工厂应在消防产品认证机构规定的时限内提出验证申请；超过规定时限的，工厂检查结论为不推荐通过。

第五章

消防产品一致性检查要求

消防产品一致性检查的目的是对批量生产的认证产品与型式试验合格样品在产品铭牌标志、产品关键件和材料、产品特性的符合程度等方面开展一致性检查，为判定工厂产品一致性控制程序运行的有效性及产品质量能否持续满足认证标准提供关键性依据。消防产品一致性检查的检查类型分为初始检查及证后监督检查。

产品一致性检查通常要记录一致性检查样品的规格型号、生产日期、批次、编号等，保证可追溯性。

第一节　消防产品一致性检查的检查内容

消防产品一致性检查的检查内容主要包括以下五个方面。

1. 铭牌标志的一致性检查

（1）产品名称；

（2）规格型号；

（3）制造商、工厂、持证人（必要时）；

（4）按有关规定、标准或文件要求，应施加的符号、标志等；

（5）警告用语（必要时）；

（6）说明书中对安装的说明和警告，对使用的说明和警告；

（7）使用语言（中文）。

2. 产品的关键元器件和材料的一致性检查

（1）产品名称；

（2）规格型号；

（3）制造商、工厂；

（4）技术参数（必要时）。

3. 产品特性的一致性检查

（1）产品的关键设计；

（2）产品的配方配比；

（3）产品的关键工艺；

（4）产品的内、外部结构。

4. 产品特性的指定试验

（1）认证机构规定的检验项目；

（2）产品的其他安全性能，如防触电安全、电磁兼容、环境污染、有害物质含量等。

5. 其他检查内容

消防产品一致性检查内容还应包括认证实施规则及附件中的特定条款、认证机构规定的特殊检查内容及检查组根据现场情况确定的其他检查内容等。

对于火灾防护产品来说，消防产品一致性检查通常可以概括为三个方面内容的检查，即铭牌标志、关键原材料、产品结构或配方工艺。

第二节　消防产品一致性检查的检查方法

消防产品一致性检查共分抽样、检查、判定三步进行。

1. 抽　样

消防产品一致性检查抽样可在以下任一地点进行，每个认证单元至少抽取一种代表性样品或按要求抽取。

（1）成品库；

（2）适当的过程环节（必要时）；

（3）生产线末端；

（4）销售市场；

（5）安装使用场所。

2. 检　查

消防产品一致性检查的检查方法如下：

（1）检查人员应对照检查准则，通过观察、测量、对比等方式对产品进行一致性检查。

（2）对铭牌标志的一致性检查，应核查产品铭牌标志、认证标志、消防产品身份信息标志、外包装印刷及说明书内容等。

（3）对产品关键元器件和材料的一致性检查，应核查原材料、零部件的生产厂、规格型号、牌号、技术参数等。当关键元器件或材料的标识无法核对时，应追溯采购记录中有关生产厂、规格型号、牌号、技术参数的相关信息，必要时可通过测试手段进行确认。

（4）对产品特性的一致性检查，应核查产品关键设计、配方配比、关键工艺及产品内、外部结构等。采用与实物、图纸、照片对比检查，检查人员专业判定，现场生产操作等方法进行检查。

（5）对产品特性进行的指定检验，检验项目应由认证机构指定并由检查组在工厂现场进行，必要时也可由认证机构指定的检验机构实施。

3. 判　定

消防产品一致性检查结果判定分为符合与不符合。

（1）消防产品一致性检查结果证实产品与检查准则相一致的，判产品一致性为符合。

（2）存在下述情况之一的，判产品一致性为不符合。

① 产品铭牌标志、说明书内容等与型式检验样品不符；

② 产品的关键设计、配方配比、关键工艺与型式检验样品的关键设计、配方配比、关键工艺不符；

③ 产品内、外部结构与型式检验样品不符；

④ 产品特性的指定检验不合格；

⑤ 违反认证实施规则的特定条款；

⑥ 违反认证机构特殊检查规定；

⑦ 涉及产品一致性的变更未得到认证机构批准；

⑧ 其他与检查准则不一致的情况。

第三节　消防产品一致性的变更

消防产品一致性的变更必须按照认证实施规则和细则的要求进行。

（1）工厂应建立并实施对产品铭牌标志、关键元器件和材料、产品特性等影响产品一致性保持因素的变更进行有效控制的程序及规定。

（2）工厂对认证产品一致性的变更控制程序及规定应经认证机构审查同意。

（3）工厂拟变更获证产品的关键元器件和材料、产品特性时，应按认证机构规定的检验项目和有关要求进行检验，检验合格后经认证机构批准方可变更；应保存变更申请资料和认证机构的批准文件。

（4）未经认证机构批准，工厂不应在已实施变更的产品上加贴认证标志。

第六章

使用领域抽样检查要求

消防产品现场检查包括市场准入检查、产品一致性检查和现场产品性能检测三类检查。对于此次纳入强制性认证的火灾防护产品，获证后使用领域抽样检查按照《消防产品现场检查判定规则》(GA 588)、《消防产品一致性检查要求》(GA 1061)和认证实施细则的要求进行。

火灾防护产品一致性检查要求已经在第五章进行了详细介绍，本章将重点介绍 GA 588 标准涉及的火灾防护产品现场抽样检查要求。

（一）饰面型防火涂料

饰面型防火涂料的检查项目、技术要求和不合格情况按表 6-1 中的规定进行。

表 6-1　饰面型防火涂料检查项目、技术要求和不合格情况

检查项目	技术要求	不合格情况
外观	涂层表面无开裂、脱粉现象	涂层表面开裂、脱粉
涂层厚度（mm）	≥0.5	<0.5
泡层高度（mm）	≥10	<10

（1）检查方法：

① 外观　目测涂层表面有无裂纹；用黑色平绒布轻擦涂层表面 5 次，观察黑色平绒布是否变色。

② 涂层厚度　在施工现场，随机在工程上抽取已涂刷涂料的试件 1 块，选 3 个测点，用精度为 0.02 mm 的游标卡尺测量试件涂刷涂料后和涂刷前的厚度（取 3 个测点的平均值），然后以下式计算单点涂层厚度，即：

$$\delta = \delta_1 - \delta_2$$

式中：δ_1 为试件（含涂层厚度）厚度，单位为 mm；δ_2 为刮去涂层的基材厚度，单位为 mm；δ 为涂层厚度，单位为 mm。

③ 泡层高度　在施工现场，随机在工程上抽取已涂刷涂料的试件 3 块，其尺寸均不小于 150 mm×150 mm；将试件放在试验支架上，涂刷防火涂料的一面向下；点燃酒精灯，酒精灯外焰应完全接触涂刷涂料的一面，供火时间不低于 20 min；停止供火后，用精度为 0.02 mm 的游标卡尺测量泡层高度，结果以 3 个测试值的平均值表示。

（2）检验器具：

① 游标卡尺；

② 酒精灯；

③ 试验支架。

（二）钢结构防火涂料

1. 厚型钢结构防火涂料

厚型钢结构防火涂料的检查项目、技术要求和不合格情况按表 6-2 中的规定进行。

表 6-2　厚型钢结构防火涂料的检查项目、技术要求和不合格情况

检查项目	技术要求	不合格情况
外观	涂层无开裂、脱落	涂层开裂、脱落
厚度	在满足耐火极限的前提下，不低于检验报告描述的厚度	在规定的耐火极限的前提下，低于相应检验报告描述的厚度
在容器中的状态	呈均匀粉末状，无结块	颗粒大小不均匀、有结块

（1）检查方法：

① 外观　目测涂层有无开裂、脱落。

② 厚度　选取至少 5 个不同的涂层部位，用测厚仪分别测量其厚度（涂层厚度为测点厚度的平均值）。

③ 在容器中的状态　用搅拌器搅拌容器内的试样或按规定的比例调配多组分涂料的试样，观察涂料是否均匀、无结块。

（2）检验器具：

① 刀片；

② 测厚仪。

2. 薄型（膨胀型）钢结构防火涂料

薄型（膨胀型）钢结构防火涂料的检查项目、技术要求和不合格情况按表 6-3 中的规定进行。

表 6-3　薄型（膨胀型）钢结构防火涂料的检查项目、技术要求和不合格情况

检查项目	技术要求	不合格情况
外　观	涂层无开裂、脱落、脱粉	涂层开裂、脱落、脱粉
厚　度	在满足耐火极限的前提下，不低于检验报告描述的厚度	在规定的耐火极限的前提下，低于相应检验报告描述的厚度
在容器中的状态	经搅拌后呈均匀液态或稠厚流体状态，无结块	搅拌后有结块
膨胀倍数（K）	≥5	<5

（1）检查方法：

① 外观　a. 目测涂层有无开裂、脱落；b. 用黑色平绒布轻擦涂层表面 5 次，观察平绒布是否变色。

② 涂层厚度　选取至少 5 个不同的涂层部位，用测厚仪分别测量其厚度（涂层厚度为所测点厚度的平均值）。

③ 在容器中的状态　用搅拌器搅拌容器内的试样或按规定的比例调配多组分涂料的试样，观察涂料是否均匀、有无结块。

④ 膨胀倍数　在已施工涂料的构件上，随机选取 3 个不同的涂层部位，分别用磁性测厚仪测量其厚度 δ_1；然后点燃 2 L 汽油喷灯分别对准选定的三个位置，喷灯外焰应充分接触涂层，供火时间不低于 10 min；停止供火后观察涂层是否膨胀发泡，并用游标卡尺测量其发泡层厚度 δ_2；最后，膨胀倍数按以下公式求得（结果以三个测试值的平均值表示），即：

$$K = \frac{\delta_2}{\delta_1}$$

式中：K 为膨胀倍数；δ_1 为试验前涂层厚度，单位为 mm；δ_2 为试验后涂料发泡层厚度，单位为 mm。

（2）检验器具：

① 游标卡尺；

② 刀片；

③ 磁性测厚仪；

④ 专用燃气喷枪。

3. 超薄型钢结构防火涂料

超薄型钢结构防火涂料的检查项目、技术要求和不合格情况按表 6-4 中的规定进行。

表 6-4　超薄型钢结构防火涂料的检查项目、技术要求和不合格情况

检查项目	技术要求	不合格情况
外　观	涂层无开裂、脱落、脱粉	涂层开裂、脱落、脱粉
厚　度	在满足耐火极限的前提下，不低于检验报告描述的厚度	在规定的耐火极限的前提下，低于相应检验报告描述的厚度
在容器中的状态	经搅拌后呈均匀细腻状态、无结块	经搅拌后有结块
膨胀倍数（K）	$\geqslant 10$	<10

（1）检查方法：

① 外观　a. 目测涂层有无开裂、脱落；b. 用黑色平绒布轻擦涂层表面 5 次，观察平绒布是否变色。

② 厚度　选取至少 5 个不同的涂层部位，用磁性测厚仪分别测量其厚度（涂层厚度为所有测点厚度的平均值）。

③ 在容器中的状态　用搅拌器搅拌容器内的试样或按规定的比例调配多组分涂料的试样，观察涂料是否均匀、有无结块。

④ 膨胀倍数　在已施工涂料的构件上，随机选取三个不同的涂层部位，用磁性测厚仪测量其厚度 δ_1；然后点燃 2 L 汽油喷灯分别对准选定的三个位置，喷灯外焰应充分接触涂层，供火时间不低于 5 min；停止供火后用游标卡尺测量其发泡层厚度 δ_2；最后，膨胀倍数按以下公式求得（结果以三个测试值的平均值表示），即：

$$K = \frac{\delta_2}{\delta_1}$$

式中：K 为膨胀倍数；δ_1 为试验前涂层厚度，单位为 mm；δ_2 为试验后涂料发泡层厚度，单位为 mm。

（2）检验器具：

① 游标卡尺；

② 刀片；

③ 磁性测厚仪；

④ 专用燃气喷枪。

（三）电缆防火涂料

电缆防火涂料的检查项目、技术要求和不合格情况按表 6-5 中的规定进行。

表 6-5 电缆防火涂料的检查项目、技术要求和不合格情况

检查项目	技术要求	不合格情况
外 观	涂层表面无脱粉现象	涂层表面有脱粉现象
裂 纹	涂层表面无裂纹	涂层表面有裂纹
涂层厚度，mm	≥0.8	<0.8
膨胀倍数（K）	≥10	<10

（1）检查方法：

① 外观 a. 目测涂层表面有无裂纹、脱落；b. 用黑色平绒布轻擦涂层表面 5 次，观察黑色平绒布是否变色。

② 涂层厚度 在施工现场，用刀片在已涂刷电缆防火涂料的电缆上随机选取 3 个位置轻轻剥取涂层 3 块，用精度为 0.02 mm 的游标卡尺分别测其厚度（涂层厚度为 3 个测量厚度的平均值）。

③ 膨胀倍数 在施工现场，用刀片在已涂刷电缆防火涂料的电缆上随机轻轻剥取涂层三块，其尺寸不小于 10 mm×10 mm，分别用精度为 0.02 mm 的游标卡尺测量其厚度 δ_1；将涂层放在试验支架的金属网上，点燃酒精灯，酒精灯外焰应充分接触涂层，供火时间不低于 20 分钟；停止供火后，分别用游标卡尺测量其相应发泡层的厚度 δ_2；最后，膨胀倍数按以下公式求得（结果以三个测试值的平均值表示），即：

$$K = \frac{\delta_2}{\delta_1}$$

式中：K 为膨胀倍数；δ_1 为试验前涂层厚度，单位为 mm；δ_2 为试验后涂料发泡层厚度，单位为 mm。

（2）检验器具：

① 刀片；

② 游标卡尺；

③ 酒精灯；

④ 试验支架；

⑤ 金属网。

（四）防火封堵材料

1. 无机防火堵料

无机防火堵料的检查项目、技术要求和不合格情况按表 6-6 中的规定进行。

表 6-6　无机防火堵料的检查项目、技术要求和不合格情况

检查项目	技术要求	不合格情况
外　观	均匀粉末固体，无结块	有结块
裂缝（mm）	施工后不应产生贯穿性裂缝；产生的非贯穿性裂缝宽度应≤1	施工后产生贯穿性裂缝；产生的非贯穿性裂缝宽度>1

（1）检查方法：

① 外观　采用目测与手触摸结合的方法进行。

② 裂缝　采用目测的方法观察已施工样品表面是否有贯穿性裂缝产生；用塞尺和精度为 0.02 mm 的游标卡尺测量非贯穿性裂缝宽度，测量结果取其最大值。

（2）检验器具：

① 塞尺；

② 游标卡尺。

2. 有机防火堵料

有机防火堵料的检查项目、技术要求和不合格情况按表 6-7 中的规定进行。

表 6-7　有机防火堵料的检查项目、技术要求和不合格情况

检查项目	技术要求	不合格情况
外观质量	塑性固体、具有一定柔韧性	没有柔韧性（≥5 ℃时）

（1）检查方法：采用目测与手触摸结合的方法进行。

3. 阻火包

阻火包的检查项目、技术要求和不合格情况按表 6-8 中的规定进行。

表 6-8　阻火包的检查项目、技术要求和不合格情况

检查项目	技术要求	不合格情况
外　观	包体完整，无破损	有破损
抗跌落性	5 m 高处自由落下到混凝土水平地面上，包体无破损	有破损

（1）检查方法：

① 外观　采用目测的方法进行。

② 抗跌落性　分别将3个完整的阻火包从5m高处自由落下到混凝土水平地面上，观察包体是否破损（至少有2个包体无破损才能为合格）。

（五）阻火圈

阻火圈的检查项目、技术要求和不合格情况按表6-9中的规定进行。

表6-9　阻火圈的检查项目、技术要求和不合格情况

检查项目	技术要求	不合格情况
壳　体	明装的阻火圈壳体应由金属材料制作，并加覆盖层进行防腐处理（不锈钢除外）。不允许壳体表面出现可见锈迹和锈点，覆盖层开裂、剥落或脱皮等外观缺陷	壳体表面出现锈迹和锈点，覆盖层开裂、剥落或脱皮
阻燃膨胀芯材膨胀性	膨胀发泡	不膨胀发泡

（1）检查方法：

① 壳体　采用目测方法进行。

② 阻燃膨胀芯材膨胀性　从阻火圈中取出干燥的膨胀芯材，将其（试件）放在试验支架上，点燃酒精灯，酒精灯外焰应完全接触芯材，供火时间不低于30分钟；停止供火后目测受火后是否膨胀发泡。

（2）检验器具：

① 酒精灯；

② 试验支架。

（六）防火门

防火门的检查项目、技术要求和不合格情况按表6-10中的规定。

表6-10　防火门的检查项目、技术要求和不合格情况

检查项目	技术要求	不合格情况
外观	外观应完整，无破损，表面装饰层应均匀、平整、光滑；标志应符合GB 12955规定	外观不完整，有破损，表面装饰层不均匀、平整、光滑；标志不符合GB 12955规定
	木质部分割角、拼缝应严实平整，胶合板不允许刨透表层单板	木质部分割角、拼缝不严实平整，胶合板刨透外观　表层单板

检查项目		技术要求	不合格情况
外观		钢质部分表面应平整、光洁，无明显凹痕或机械损伤，焊接应牢固，焊点分布均匀，不应有假焊、烧穿、漏焊等现象	钢质部分表面不平整、光洁，有明显凹痕或机械损伤，焊接不牢固，焊点分布不均匀，有假焊、烧穿、漏焊等现象
规格尺寸	型号规格	应符合检验报告所涵盖产品型号规格	不符合型式检验报告所涵盖产品型号规格
	外形尺寸	外形尺寸应小于等于相应检验报告中的外形尺寸	外形尺寸大于相应检验报告中的外形尺寸
	门扇厚度	门扇厚度应与相应检验报告中的门扇厚度相同，其极限偏差符合 GB 12955—2008 中 5.6 表 4 的相应规定	门扇厚度与相应检验报告中的门扇厚度不同，且其极限偏差大于 GB 12955—2008 中 5.6 表 4 的相应规定
	门框侧壁宽度	门框侧壁宽度应与相应检验报告中的门框侧壁宽度相同，其极限偏差符合 GB 12955—2008 中 5.6 表 4 的相应规定	门框侧壁宽度与相应检验报告中的门框侧壁宽度不同，且其极限偏差大于 GB 12955—2008 中 5.6 表 4 的相应规定
	防火玻璃透光尺寸	防火玻璃透光尺寸应小于等于相应检验报告中受检样品相同部位的防火玻璃透光尺寸	防火玻璃透光尺寸大于相应检验报告中受检样品相同部位的防火玻璃透光尺寸
	防火玻璃厚度	防火玻璃厚度，应与相应检验报告中的防火门所安装防火玻璃的厚度相同，其极限偏差符合 GB 15763.1 中的相应规定	防火玻璃厚度，与相应检验报告中的防火门所安装防火玻璃的厚度不同。其极限偏差大于 GB 15763.1 中的相应规定
门扇和门框结构及填充材料		门扇和门框结构及填充材料的种类及相应参数应与检验报告中受检样品相同	门扇和门框的结构及填充材料的种类及相应参数与检验报告中受检样品不同
防火闭门器		应有法定检验机构出具的合格检验报，其性能应不低于型式检验报告中受检品所配套使用的产品	无法定检验机构出具的合格检验报告，或其性能低于型式检验报告中受检样品所配套使用的产品
耐火五金配件〔防火锁、防火合页(铰链)、防火顺序器(适用于双扇或多扇门)、防火插销(适用于双扇或多扇门)〕		应有法定检验机构出具的合格检验报，其性能应不低于型式检验报告中受检品所配套使用的产品	无法定检验机构出具的合格检验报告，或其性能低于型式检验报告中受检样品所配套使用的产品

检查项目	技术要求	不合格情况
防火玻璃	应有法定检验机构出具的合格检验报告，且防火玻璃的耐火性能指标应大于等于该防火门耐火性能的要求	无法定检验机构出具的合格检验报告，或防火玻璃检验报告的耐火性能指标低于该防火门耐火性能的要求
防火密封条	防火门应设置防火密封条，密封条应平直、无拱起	防火门未设置防火密封条，或密封条不平直、有拱起
	应有法定检验机构出具的合格检验报告，且防火密封条的耐火性能指标应大于等于该防火门耐火性能的要求，其型号规格应与型式检验报告中受检样品所配套使用的相一致	没有法定检验机构出具的合格检验报告；或防火密封条的耐火性能指标低于该防火门耐火性能的要求；其型号规格与型式检验报告中受检样品所配套使用的不一致
灵活性	门扇开启灵活，无卡阻现象	门扇开启不灵活，有无卡阻现象
可靠性	防火门各部位应牢固，无严重变形，能可靠关闭	防火门有松动、脱落及严重变形现象，不能可靠关闭

（1）检查方法：

① 外观　用目测的方法检查外观表面是否净光或砂磨，是否有刨痕、毛刺和锤痕；割角、拼缝是否严实平整；在规定位置是否有产品标志、质量检验合格标志和型式认可标志。

② 规格尺寸　用游标卡尺测量门扇厚度、门框侧壁宽度、玻璃厚度，用卷尺测量外形尺寸、玻璃透光尺寸。

③ 门扇结构及填充材料　破拆门扇后，用目测的方法检查门扇内部结构及门扇内部所填充的材料类型是否与《检验报告》中的相关内容一致，并用游标卡尺测量材料的相应参数。

④ 耐火五金配件　a. 检查防火门上所用五金件的检测报告是否是国家认可的检测机构出具的合格检测报告；b. 检查其规格型号是否与相应《检验报告》中的相关内容一致，或是否是经授权使用的产品。

⑤ 防火玻璃　a. 检查防火门上所用防火玻璃的耐火性能检测报告是否是国家认可的检测机构出具的合格检测报告；b. 防火玻璃的透光尺寸是否小于等于相应的《检验报告》中受检样品相同部位的防火玻璃透光尺寸；c. 防火玻璃的厚度是否与相应的《检验报告》中的防火门所安装防火玻璃的厚度相同，其极限偏差是否符合 GB15763.1 中的相应规定；d. 防火玻璃的耐火性能是否满足该防火门耐火性能的要求。

⑥ 密封条　a. 检查防火门上的防火密封条的检测报告是否是国家认可的检测机构出具的合格检测报告；b. 防火密封条是否平直、无拱起；c. 防火门所采用防火密封条的耐火性能是否满足该防火门耐火性能的要求；d. 型号规格与相应的《检验报告》中受检样品所采用的防火密封条是否相同。

⑦ 灵活性　门扇开启是否灵活、无卡阻现象。

⑧ 可靠性　防火门各部位是否牢固，是否无严重变形，能否可靠关闭。

（2）检验器具：

① 游标卡尺；

② 卷尺；

③ 破拆工具。

（七）闭门器

闭门器的检查项目、技术要求和不合格情况按表6-11中的规定进行。

表 6-11　闭门器的检查项目、技术要求和不合格情况

检查项目	技术要求	不合格情况
外　观	外形完整、涂层均匀、牢固，不得有流挂、堆漆、露底、起泡等缺陷	外形不完整、涂层不均匀、疏松，有流挂、堆漆、露底、起泡等缺陷
	在规定的位置应有产品标识、质量检验合格标志	在规定的位置无产品标识、质量检验合格标志
规格尺寸	外形尺寸与样品描述尺寸一致	外形尺寸与检验样品描述尺寸不同
常温下的运转性能	使用时运转应平稳、灵活。其贮油部件不应有渗漏油现象	使用时运转有跳动、卡滞现象；其贮油部件有渗漏油现象

检查方法：

① 外观　用目测的方法检查外形是否完整、图案是否清晰。涂层是否均匀、牢固，有无流挂、堆漆、露底、起泡等缺陷；镀层是否致密、均匀，表面是否有明显色差及露底、泛黄、烧焦等缺陷；在规定的位置是否有产品标志、质量检验合格标志。

② 规格尺寸　用游标卡尺、钢卷尺测量外形尺寸。

③ 常温下的运转性能　用目测和手感检查。

（八）防火玻璃

防火玻璃的检查项目、技术要求和不合格情况按表6-12中的规定进行。

表 6-12 防火玻璃的检查项目、技术要求和不合格情况

检查项目	技术要求		不合格情况
复合防火玻璃厚度允许偏差	玻璃的总厚度 $5 \leqslant d < 11$	厚度允许偏差 ±1.0	厚度超出偏差
	玻璃的总厚度 $11 \leqslant d < 17$	厚度允许偏差 ±1.0	厚度超出偏差
	玻璃的总厚度 $17 \leqslant d \leqslant 35$	厚度允许偏差 ±1.3	厚度超出偏差
	玻璃的总厚度 $d > 35$	厚度允许偏差 ±1.5	厚度超出偏差
单片防火玻璃厚度（d）允许偏差（mm）	玻璃厚度 5、6	厚度允许偏差 ±0.2	厚度超出偏差
	玻璃厚度 8、10、12	厚度允许偏差 ±0.3	厚度超出偏差
	玻璃厚度 15	厚度允许偏差 ±0.5	厚度超出偏差
	玻璃厚度 19	厚度允许偏差 ±0.7	厚度超出偏差
复合防火玻璃外观质量（周边15 mm范围内的气泡、胶合层杂质不作要求）	气泡	直径 300 mm 圆内允许长0.5~1.0 mm 的气泡 1 个	直径 300 mm 圆内长 0.5~1.0 mm 的气泡>1 个
	胶合层杂质	直径 500 mm 圆内允许长2.0 mm 以下的杂质 2 个	直径 500 mm 圆内长 2.0 mm以下的杂质>2 个
	裂痕	不允许存在	存在
	爆边	每米边长允许有长度不超过20 mm 且自边部向玻璃表面延伸深度不超过厚度一半的爆边 4 个	每米边长有长度不超过 20 mm且自边部向玻璃表面延伸深度不超过厚度一半的爆边超过4个
单片防火玻璃外观质量	爆边	不允许存在	存在
	划伤	宽度≤0.1 mm，长度≤50 mm的轻微划伤，每平方米面积内不超过4条	宽度≤0.1 mm，长度≤50 mm的轻微划伤，每平方米面积内超过4条
		0.5 mm>宽度>0.1 mm，长度≤50 mm 的轻微划伤，每平方米面积内不超过1条	0.5 mm>宽度>0.1 mm，长度≤50 mm的轻微划伤，每平方米面积内超过1条
	结石、裂纹、缺角	不允许存在	存在
弯曲度	弓形弯曲度不应超过0.3%，波形弯曲度不应超过0.2%。		弓形或波形时超过技术要求

（1）检查方法：

① 尺寸及厚度的测量　尺寸用最小刻度为 1 mm 的钢直尺或钢卷尺测量，厚度用千分尺或与此同等精度的器具测量玻璃四边中点，测量结果以四点平均值表示，数值精确到 0.1 mm。

② 外观质量　在良好的自然光及散射光照条件下，在距玻璃的正面 600 mm 处进行目视检查。

③ 弯曲度　将玻璃垂直立放，水平放置直尺贴紧试样表面进行测量，弓形时以弧的高度与弦的长度之比的百分率表示；波形时以波谷到波峰的高与波峰到波峰（或波谷到波谷）的距离之比的百分率表示。

（2）检验器具：

① 游标卡尺；

② 钢卷尺；

③ 千分尺；

④ 钢直尺。

（九）防火卷帘

防火卷帘的检查项目、技术要求和不合格情况按表 6-13 中的规定进行。

表 6-13　防火卷帘的检查项目、技术要求和不合格情况

检查项目	技术要求	不合格情况
外观质量	防火卷帘应有永久性标牌，内容应正确完整	无永久性标牌，或内容错误
	金属零部件表面不允许有裂纹、压坑及明显的凹凸、锤痕、毛刺、孔洞等缺陷，表面应作防锈处理	金属零部件表面有裂纹、压坑及明显的凹凸、锤痕、毛刺、孔洞等缺陷，表面未作防锈处理
	无机纤维复合帘面不应有撕裂、缺角、挖补、破洞、倾斜、跳线、断线、经纬纱密度明显不匀及色差等缺陷	无机纤维复合帘面有撕裂、缺角、挖补、破洞、倾斜、跳线、断线、经纬纱密度明显不匀及色差较大等缺陷
	夹板应平直，夹持应牢固。基布的经向是帘面的受力方向	或夹板不平直，夹持不牢固。或基布的经向不是帘面的受力方向
	各零部件的组装、拼接处不应有错位。焊接处应牢固，外观应平整。不应有夹渣、漏焊、疏松等现象	各零部件的组装、拼接处有错位。或焊接处不牢固，外观不平整。或有夹渣、漏焊、疏松等现象
	所有紧固件应紧牢	所有紧固件不紧牢

检查项目	技术要求		不合格情况
材料	座板厚度≥3.0 mm（可叠加）		座板厚度<3.0 mm（叠加后）
	夹板厚度≥3.0 mm（可叠加）		夹板厚度<3.0 mm（叠加后）
	无机纤维复合卷帘	基布燃烧性能不低于A级	基布燃烧性能低于A级
		装饰布燃烧性能不低于B1级	装饰布燃烧性能低于B1级
钢质帘板	钢质防火卷帘帘板两端挡板或防窜机构应装配牢固，卷帘运行时相邻帘板窜动量不应大于2 mm		钢质防火卷帘帘板两端挡板或防窜机构装配不牢固，卷帘运行时相邻帘板窜动量大于2 mm
	钢质帘板应平直，装配成卷帘后不应有孔洞或缝隙存在		钢质帘板不平直，装配成卷帘后有孔洞或缝隙存在
	钢质帘板两端应设防风钩		钢质帘板两端未设防风钩
无机纤维复合帘面	帘面拼接缝的个数每米内各层累计不应超过三条，接缝应避免重叠；帘面上的受力缝应采用双线缝制，拼接缝的搭接量不应小于20 mm，非受力缝的拼接缝搭接量不应小于10 mm		帘面拼接缝的个数每米内各层累计超过三条，接缝重叠；或帘面上的受力缝未采用双线缝制，拼接缝的搭接量小于20 mm，非受力缝的拼接缝搭接量小于10 mm
	帘面应沿帘布纬向每隔一定的间距设置不锈钢丝（绳）；沿帘布经向应设置夹板，帘面每隔300 mm～500 mm应设置一道钢质夹板		帘面沿帘布纬向每隔一定的间距未设置不锈钢丝（绳），或沿帘布经向未设置夹板，帘面设置钢质夹板的距离不在300 mm～500 mm以内
	帘面应装有夹板，夹板两端应设防风钩		帘面未装有夹板，夹板两端未设防风钩
导轨	帘板嵌入导轨深度（mm）	导轨间距离B / 每端嵌入深度	帘板嵌入导轨深度小于标准要求

导轨项目详细：

帘板嵌入导轨深度（mm）	
导轨间距离B	每端嵌入深度
B<3000	>45
3000≤B<5000	>50
5000≤B<9000	>60

导轨间距离每增加1 000 mm，其每端嵌入深度应增加10 mm

检查项目	技术要求	不合格情况
电动卷门机、控制箱	应具有限位开关，卷帘启闭至上下限位时，应能自动停止	未具有限位开关，卷帘启闭至上下限位时，未能自动停止
	应具有手动启闭性能	未具有手动启闭性能
	应具有自重下降性能，速度应为恒速	未具有自重下降性能，或速度不为恒速
	卷帘应具有在任何位置停止的性能	卷帘未具有在任何位置停止的性能
	使用手动速放装置时的臂力不应大于70 N	使用手动速放装置时的臂力大于70 N

续表 6-13

检查项目	技术要求	不合格情况
防烟性能	导轨和门楣应设置有防烟装置,其与帘面均匀紧密贴合,贴合面长度不应小于导轨和门楣长度的 80%	导轨和门楣未设置有防烟装置,或其与帘面未均匀紧密贴合,贴合面长度小于导轨和门楣长度的 80%
帘板运行	卷帘运行时无倾斜,能平行升降	卷帘运行时倾斜,不能平行升降
运行平稳性能	帘面在导轨内运行应平稳,不应有脱轨和明显的倾斜现象;双帘面卷帘的两个帘面应同时升降,高度差不应大于 50 mm	帘面在导轨内运行不平稳,具有脱轨和明显的倾斜现象;双帘面卷帘的两个帘面未能同时升降,高度差大于 50 mm
电动启闭和自重下降运行速度	垂直卷卷帘电动启、闭的运行速度应为 2 m/min ~ 7.5 m/min,自重下降速度不应大于 9.5 m/min,侧向卷卷帘电动启、闭的运行速度不应小于 6.5 m/min,水平卷卷帘电动启、闭的运行速度应为 2 m/min ~ 7.5 m/min	卷帘电动启、闭的运行速度和自重下降速度不在标准要求范围以内
两步关闭性能	卷帘下降至卷帘洞口高度的中位处时,延时 5 s ~ 60 s,继续关闭至全闭	卷帘下降至卷帘洞口高度的中位处时,延时 5 s ~ 60 s 后不能继续关闭至全闭
温控释放性能	卷帘应装配温控释放装置,感温元件周围温度达到 73 ℃±0.5 ℃,释放装置动作,卷帘依自重下降关闭	无温控释放装置,或加热温控释放装置感温元件,使其周围温度达到 73 ℃ 以上时,释放装置未动作,卷帘未依自重下降关闭

（1）检查方法:

① 外观质量 采用目测及手触摸相结合的方法进行检验。

② 材料 用游标卡尺测量原材料厚度;检查无机纤维复合卷帘基布和装饰布的检验报告,也可用明火点燃基布样品,判断是否为 A 级。

③ 零部件尺寸公差 a. 钢质帘板长度采用钢卷尺测量,测量点为二分之一宽度处。宽度及厚度采用卡尺测量,测量点为距帘面两端部 50 mm 处和二分之一长度处 3 点,取平均值。b. 导轨的槽深和槽宽用游标卡尺测量,测量点为每根导轨长度的二分之一处及距其底部 200 mm 处 2 点,取其平均值。

④ 帘板运行 采用目测的方法进行检验。

⑤ 无机纤维复合帘面 无机纤维复合帘面拼接缝处的搭接量采用直尺测量,夹板的间距采用直尺或钢卷尺测量,其他性能采用目测检验。

⑥ 导轨 帘板嵌入导轨深度采用直尺测量,测量点为每根导轨距其底部 200 mm 处,取较小值。其他性能采用目测检验。

⑦ 电动卷门机、控制箱 用直尺、管形测力计及目测进行测量。

⑧ 防烟性能　导轨内和门楣的防烟装置用塞尺测量，即当卷帘关闭后，用 0.1 mm 的塞尺测量帘板或帘面表面与防烟装置之间的缝隙，若塞尺不能穿透防烟装置，表明帘板或帘面表面与防烟装置紧密贴合。

⑨ 运行平稳性能　采用目测的方法进行检验。双帘面卷帘的两个帘面的高度差采用钢卷尺进行检验。

⑩ 电动启闭和自重下降运行速度　采用钢卷尺、秒表进行检验。

⑪ 两步关闭性能　采用目测的方法进行检验，其延时时间采用秒表进行检验。

⑫ 温控释放性能　卷帘开启至上限，切断电源，加热温控释放装置感温元件使其周围温度达到 73 ℃ 以上，观察释放装置是否动作。

（2）检验器具：

① 秒表；

② 游标卡尺、塞尺；

③ 直尺或卷尺；

④ 管形测力计；

⑤ 测温计，精度为 0.1 ℃。

（十）建筑通风和排烟系统用防火阀门

1. 防火阀、排烟防火阀

防火阀、排烟防火阀的检查项目、技术要求和不合格情况按表 6-14 中的规定进行。

表 6-14　防火阀、排烟防火阀的检查项目、技术要求和不合格情况

检查项目	技术要求	不合格情况
配件	阀门的执行机构应是经国家认可授权的检测机构检测合格的产品	阀门的执行机构无经国家认可授权的检测机构检测合格的报告
	执行机构中的温感器元件上应标明其公称动作温度	执行机构中的温感器元件上未标明其公称动作温度
		标明的温度与产品要求不一致
外观	阀门上的标牌应牢固，标识应清晰、准确	阀门上的标牌不牢固，标识不清晰、准确
		阀门无标牌
	阀门各零部件的表面应平整，不允许有裂纹、压坑及明显的凹凸、锤痕、毛刺、孔洞等缺陷	阀门各零部件的表面不平整，有裂纹、压坑及明显的凹凸、锤痕、毛刺、孔洞等缺陷
	阀门的焊缝应光滑、平整，不允许有虚焊、气孔、夹渣、疏松等缺陷	阀门的焊缝不光滑、平整，有虚焊、气孔、夹渣、疏松等缺陷

检查项目	技术要求	不合格情况
外 观	金属阀门各零部件的表面均应作防锈、防腐处理,经处理后的表面应光滑、平整,涂层、镀层应牢固,不应有剥落、镀层开裂,以及漏漆或流淌现象	金属阀门各零部件的表面经防锈、防腐处理后的表面不光滑、平整,涂层、镀层不牢固,有剥落、镀层开裂,以及漏漆或流淌现象
		金属阀门各零部件的表面未作防锈、防腐处理
公差	阀门的线性尺寸公差应符合 GB/T 1804—2000 中所规定的 c 级公差等级	阀门的线性尺寸公差不符合 GB/T 1804—2000 中所规定的 c 级公差等级
驱动转矩	防火阀或排烟防火阀叶片关闭力在主动轴上所产生的驱动转矩应大于叶片关闭时主动轴上所需转矩的 2.5 倍	叶片关闭力在主动轴上所产生的驱动转矩小于等于叶片关闭时主动轴上所需转矩的 2.5 倍
复位功能	阀门应具备复位功能,其操作应方便、灵活、可靠	阀门具备复位功能,但其操作不方便、灵活、可靠
		阀门不具备复位功能
手动控制	防火阀或排烟防火阀宜具备手动关闭方式,且手动操作应方便、灵活、可靠	阀门具备手动关闭方式,但手动操作不方便、灵活、可靠
	手动关闭操作力应小于 70 N	手动关闭操作力大于等于 70 N
电动控制	防火阀或排烟防火阀宜具备电动关闭方式,且具有远距离复位功能;当通电动作后,应具有显示阀门叶片位置的信号输出	无远距离复位功能,或具有远距离复位功能的阀门,当通电动作后,无显示阀门叶片位置的信号输出
	阀门执行机构中电控电路的工作电压宜采用 DC 24 V 的额定工作电压。其额定工作电流应不大于 0.7 A	阀门执行机构中电控电路的工作电压未采用 DC 24 V 的额定工作电压,或虽采用了,但其额定工作电流大于 0.7 A
	在实际电源电压低于额定工作电压 15% 和高于额定工作电压 10% 时,阀门应能正常进行电控操作	在实际电源电压低于额定工作电压 15% 和高于额定工作电压 10% 时,阀门不能正常进行电控操作
绝缘性能	阀门有绝缘要求的外部带电端子与阀体之间的绝缘电阻在常温下应大于 20 MΩ	阀门有绝缘要求的外部带电端子与阀体之间的绝缘电阻在常温下小于等于 20 MΩ
关闭可靠性	10 次关闭操作中,防火阀或排烟防火阀应能从开启位置灵活可靠地关闭,各零部件应无明显变形、磨损及其他影响其密封性能的损伤	10 次关闭操作中,阀门不能从开启位置灵活可靠地关闭
		零部件有明显变形、磨损及其他影响其密封性能的损伤
火灾时关闭可靠性	温感器动作后,防火阀或排烟防火阀应自动、可靠地关闭	阀门不能自动关闭
		叶片之间或叶片与挡板之间的缝隙大于 2 mm

（1）检查方法：

① 配件　检查阀门所用执行机构的检测报告是否是国家认可的检测机构出具的合格检测报告；目测执行机构温感器上是否标明其公称动作温度。

② 外观　用目测的方法检查外观，检查阀门上的标牌是否牢固，标识是否清晰、准确；各零部件的表面是否平整，是否有裂纹、压坑及明显的凹凸、锤痕、毛刺、孔洞等缺陷；阀门的焊缝是否光滑、平整，是否有虚焊、气孔、夹渣、疏松等缺陷；金属阀门各零部件的表面是否作防锈、防腐处理，经处理后的表面是否光滑、平整，涂层、镀层是否牢固，是否有剥落、镀层开裂，以及漏漆或流淌现象。

③ 公差　用钢卷尺测量阀门的线性尺寸（公称尺寸），检验其公差值是否符合标准规定要求。

④ 驱动转矩　将阀门固定，卸去产生关闭力的重锤、弹簧、电机或气动件等，用测力计牵动叶片的主叶片轴，使其从全开状态到全关状态，读取叶片关闭时主叶片轴上所需的最大拉力，用钢卷尺或游标卡尺测量力臂，计算最大转矩；再测量出重锤、弹簧、电机或气动件等实际施加在阀门主叶片轴上的驱动转矩；最后计算出阀门主叶片轴的驱动转矩与所需转矩之比值。

⑤ 复位功能　根据阀门的复位方式，输入电控信号或手动操作阀门的复位机构，目测阀门的复位情况。

⑥ 手动控制　对于具有手动控制功能的阀门，使阀门处于全开状态，用测力计与手动操作的手柄、拉绳或按钮相连，拉动测力计使阀门关闭，同时读取叶片关闭时的最大拉力。整个测量过程中目测阀门手动操作是否方便、灵活、可靠。

⑦ 电动控制　a. 对于具有电动控制功能的阀门，使阀门处于开启状态，接通执行机构中的电路，使阀门关闭，用万用表测量叶片所处位置的输出信号（可能是开关信号或电压信号）；b. 使阀门处于开启状态，输入额定工作电压，用万用表测量额定工作电流；c. 调节电源电压到额定工作电压的 110%，接通电路，目测阀门是否能立即灵活可靠关闭；调节电源电压到额定工作电压的 85%，接通电路，目测阀门是否能立即灵活可靠关闭。

⑧ 绝缘性能　将兆欧表连接到阀门的外部带电端子和机壳之间，摇动兆欧表，读取电阻值。

⑨ 关闭可靠性　操纵阀门的执行机构，使阀门叶片关闭，如此反复操作共 10 次。对于具有几种不同启闭方式的防火阀或排烟防火阀，每种启闭方式均应进行 10 次操作。整个测量过程中，目测阀门能否从开启位置灵活可靠地关闭，并目测阀门零部件是否有明显变形、磨损及其他影响其密封性能的损伤。

⑩ 火灾时关闭可靠性　使阀门处于开启位置，利用酒精灯或其他火源烧灼阀门温度熔断器，目测熔断器能否熔断、阀门能否灵活可靠的关闭；阀门关闭后，用塞尺测量叶片之间或叶片与挡板之间的缝隙。

（2）检验器具：

① 电源（DC24V 或 AC220V）；

② 钢卷尺；

③ 拉力计；

④ 万用表；

⑤ 兆欧表；

⑥ 酒精灯或其他火源；

⑦ 塞尺。

2. 排烟阀

排烟阀的检查项目、技术要求和不合格情况按表 6-15 中的规定进行。

表 6-15　排烟阀的检查项目、技术要求和不合格情况

检查项目	技术要求	不合格情况
配件	阀门的执行机构应是经国家认可授权的检测机构检测合格的产品	阀门的执行机构无经国家认可授权的检测机构检测合格的报告
外观	阀门上的标牌应牢固，标识应清晰、准确	阀门上的标牌不牢固，标识不清晰、准确
		阀门无标牌
	阀门各零部件的表面应平整，不允许有裂纹、压坑及明显的凹凸、锤痕、毛刺、孔洞等缺陷	阀门各零部件的表面不平整，有裂纹、压坑及明显的凹凸、锤痕、毛刺、孔洞等缺陷
	阀门的焊缝应光滑、平整，不允许有虚焊、气孔、夹渣、疏松等缺陷	阀门的焊缝不光滑、平整，有虚焊、气孔、夹渣、疏松等缺陷
	金属阀门各零部件的表面均应作防锈、防腐处理，经处理后的表面应光滑、平整，涂层、镀层应牢固，不应有剥落、镀层开裂，以及漏漆或流淌现象	金属阀门各零部件的表面经防锈、防腐处理后的表面不光滑、平整，涂层、镀层不牢固，有剥落、镀层开裂，以及漏漆或流淌现象
		金属阀门各零部件的表面未作防锈、防腐处理
公差	阀门的线性尺寸公差应符合 GB/T 1804—2000 中所规定的 c 级公差等级	阀门的线性尺寸公差不符合 GB/T 1804—2000 中所规定的 c 级公差等级
复位功能	阀门应具备复位功能，其操作应方便、灵活、可靠	阀门具备复位功能，但其操作不方便、灵活、可靠
		阀门不具备复位功能
手动控制	排烟阀应具备手动开启方式；手动操作应方便、灵活、可靠	阀门不具备手动开启方式
		阀门具备手动开启方式，手动操作不方便、灵活、可靠
	手动开启操作力应小于 70 N	手动开启操作力大于等于 70 N

续表 6-15

检查项目	技术要求	不合格情况
电动控制	排烟阀应具备电动开启方式；具有远距离复位功能的阀门，当通电动作后，应具有显示阀门叶片位置的信号输出	阀门不具备电动开启方式
		阀门具备电动开启方式，但不能灵活、可靠地开启
		当通电动作后，无显示阀门叶片位置的信号输出
	阀门执行机构中电控电路的工作电压宜采用 DC 24 V 的额定工作电压。其额定工作电流应不大于 0.7 A	阀门执行机构中电控电路的工作电压采用 DC 24 V 的额定工作电压时，其额定工作电流应大于 0.7 A
	在实际电源电压低于额定工作电压 15%和高于额定工作电压 10%时，阀门应能正常进行电控操作	在实际电源电压低于额定工作电压 15%和高于额定工作电压 10%时，阀门不能正常进行电控操作
绝缘性能	阀门有绝缘要求的外部带电端子与阀体之间的绝缘电阻在常温下应大于 20 MΩ	阀门有绝缘要求的外部带电端子与阀体之间的绝缘电阻在常温下小于等于 20 MΩ
开启可靠性	经 10 次开启试验后，各零部件应无明显变形、磨损及其他影响其密封性能的损伤，电动与手动操作排烟阀，排烟阀均立即开启	经 10 次开启试验后，电动或手动操作阀门，阀门不能立即开启
		零部件有明显变形、磨损及其他影响其密封性能的损伤
		关闭状态下，阀门叶片之间或叶片与挡板之间的缝隙大于 2 mm

（1）检查方法：

① 配件　检查阀门所用执行机构的检测报告是否是国家认可的检测机构出具的合格检测报告。

② 外观　用目测的方法检查外观，检查阀门上的标牌是否牢固，标识是否清晰、准确；各零部件的表面是否平整，是否有裂纹、压坑及明显的凹凸、锤痕、毛刺、孔洞等缺陷；阀门的焊缝是否光滑、平整，是否有虚焊、气孔、夹渣、疏松等缺陷；金属阀门各零部件的表面是否作防锈、防腐处理，经处理后的表面是否光滑、平整，涂层、镀层是否牢固，是否有剥落、镀层开裂，以及漏漆或流淌现象。

③ 公差　用钢卷尺测量阀门的线性尺寸（公称尺寸），检验其公差值是否符合标准规定的要求。

④ 复位功能　根据阀门的复位方式，输入电控信号或手动操作阀门的复位机构，目测阀门的复位情况。

⑤ 手动控制　使阀门处于关闭状态，用测力计与手动操作的手柄、拉绳或按钮相连，拉动测力计使阀门开启，读取叶片开启时的最大拉力；在整个测量过程中目测阀门手动操作是否方便、灵活、可靠。

⑥ 电动控制　a. 使阀门处于关闭状态，接通执行机构中的电路，使阀门开启，用

万用表测量叶片所处位置的输出信号（可能是开关信号或电压信号）；b. 使阀门处于关闭状态，输入额定工作电压，用万用表测量额定工作电流；c. 调节电源电压到额定工作电压的 110%，接通电路，目测阀门是否能立即灵活可靠开启；调节电源电压到额定工作电压的 85%，接通电路，目测阀门是否能立即灵活可靠开启。

⑦ 绝缘性能　将兆欧表连接到阀门的外部带电端子和机壳之间，摇动兆欧表，读取电阻值。

⑧ 开启可靠性　使阀门处于关闭状态，电动和手动开启阀门各 10 次；使阀门处于关闭状态，用塞尺测量叶片之间或叶片与挡板之间的缝隙。整个测量过程中，目测阀门能否从关闭位置灵活可靠地开启，并目测阀门零部件是否有明显变形、磨损及其他影响其密封性能的损伤。

（2）检验器具：

① 电源（DC24V 或 AC220V）；

② 钢卷尺；

③ 拉力计；

④ 万用表；

⑤ 兆欧表；

⑥ 塞尺。

（十一）混凝土构件防火涂料

混凝土构件防火涂料的检查项目、技术要求和不合格情况按表 6-16 中的规定进行。

表 6-16　混凝土构件防火涂料的检查项目、技术要求和不合格情况

检查项目	技术要求	不合格情况
外　观	涂层无开裂、脱落	涂层开裂、脱落
厚　度	在规定的耐火极限的前提下，不低于相应检验报告描述的厚度	在规定的耐火极限的前提下，低于相应检验报告描述的厚度
在容器中的状态	呈均匀稠厚液体，无结块	有结块

（1）检查方法：

① 外观　目测涂层有无开裂、脱落。

② 涂层厚度　选取至少五个不同的涂层部位，用测厚仪分别测量其厚度（涂层厚度为所有测点厚度的平均值）。

③ 在容器中的状态　用搅拌器搅拌容器内的试样或按规定的比例调配多组分涂料的试样，观察涂料是否均匀、无结块。

（2）检验器具：

① 刀片；

② 测厚仪。

目前，《消防产品现场判定规则》（GA 588—2012）中的现场判定尚未涉及到耐火电缆槽盒、防火窗、防火锁、消防排烟风机、挡烟垂壁等产品。对于此类产品的使用领域抽样检查均按照《消防产品一致性检查要求》（GA 1061）和认证实施细则的要求进行。

第七章

火灾防护产品典型产品介绍

第一节 四川天府防火材料有限公司推荐产品信息

一、钢结构防火涂料系列

（一）SCB室内超薄型钢结构防火涂料

产品名称：室内超薄型钢结构防火涂料
产品型号：SCB
检验类别：型式认可换证检验
报告编号：201130009
检验报告主要内容：该涂料在涂层厚度为 1.86 mm（含防锈漆厚度 0.04 mm）时，其耐火性能试验时间为 2.0 h，符合规定的耐火时间要求；其余各项技术指标均符合GB14907—2002 的要求。

产品推荐理由（产品评价）：该涂料是公安部四川消防研究所研制的国内第一个超薄型钢结构防火涂料，是国内工程应用时间最长、应用最多的超薄型钢结构防火涂料；是国家技术发明二等奖、国家发明专利产品；是国家级重点新产品。

（二）WCB室外超薄型钢结构防火涂料

产品名称：室外超薄型钢结构防火涂料
产品型号：WCB
检验类别：型式认可换证检验
报告编号：201130011
检验报告主要内容：该涂料在涂层厚度为 2.03 mm（含防锈漆厚度 0.04 mm）时，其耐火性能试验时间为 2.0 h，符合规定的耐火时间要求；其余各项技术指标均符合GB14907—2002 的要求。

产品推荐理由（产品评价）：该涂料具有优异的理化性能和耐火性能，各项性能指标均达到或超过了国家标准；适用于室外钢结构，尤其是对外观装饰要求较高的露天、裸露钢结构的防火保护。

（三）SNB室内薄型钢结构防火涂料

产品名称： 室内薄型钢结构防火涂料
产品型号： SNB
检验类别： 型式试验
报告编号： 201330002
检验报告主要内容： 该涂料在涂层厚度为 4.6 mm 时，其耐火性能试验时间为 2.5 h，符合规定的耐火时间要求，其余各项技术指标均符合 GB14907—2002 的要求；黏接强度大于等于 0.62 MPa。

产品推荐理由（产品评价）： 该涂料是公安部四川消防研究所根据室内钢结构的防火特性研制的新型室内钢结构防火涂料，其黏接强度高、耐候性能好，广泛应用于工业及民用建筑室内钢结构的防火保护。

（四）SWB室外薄型钢结构防火涂料

产品名称： 室外薄型钢结构防火涂料
产品型号： SWB
检验类别： 型式认可换证检验
报告编号： 201130012
检验报告主要内容： 该涂料在涂层厚度为 4.5 mm 时，其耐火性能试验时间为 2.0 h，符合规定的耐火时间要求；其余各项技术指标均符合 GB14907—2002 的要求；黏接强度大于等于 0.48 MPa。

产品推荐理由（产品评价）： 该涂料是公安部四川消防研究所根据石油化工企业钢结构的防火特性于 1992 年研制成功的新型室外钢结构防火涂料，填补了国内室外钢结构防火涂料的空白；耐候性能优越，广泛应用于石油化工企业室外钢结构的防火保护。

（五）LG室内厚型钢结构防火涂料

产品名称： 室内厚型钢结构防火涂料
产品型号： LG
检验类别： 型式认可换证检验
报告编号： 201130013
检验报告主要内容： 该涂料在涂层厚度为 23 mm 时，其耐火性能试验时间为 3.0 h，符合规定的耐火时间要求，其余各项技术指标均符合 GB14907—2002 的要求；黏接强度大于等于 0.14 MPa，抗压强度大于等于 1.0 MPa。

产品推荐理由（产品评价）： 该涂料是公安部四川消防研究所于 1988 年成功研制的，能将钢结构的耐火极限提高到 3 h 以上，填补了国内钢结构防火隔热涂料的空白；系无机涂料，无任何有害成分和放射性；耐候性能优异，工程应用时间超过 20 年，是国内工程应用最长的钢结构防火涂料。

（六）SWH 室外厚型钢结构防火涂料

产品名称： 室外厚型钢结构防火涂料

产品型号： SWH

检验类别： 型式认可换证检验

报告编号： 201130014

检验报告主要内容： 该涂料在涂层厚度为 23 mm 时，其耐火性能试验时间为 3.0 h，符合规定的耐火时间要求；其余各项技术指标均符合 GB14907—2002 的要求；黏接强度大于等于 0.14 MPa，抗压强度大于等于 1.3 MPa。

产品推荐理由（产品评价）： 该涂料是公安部四川消防研究所根据石油化工企业钢结构防火特性于 1992 年研制成功的新型室外钢结构防火涂料，开创了国内室外钢结构防火涂料的新领域；耐候性能显著，具有优异的耐火性能，率先在国内同类产品中通过了烃类火灾试验，耐火极限大于 2 h。

二、混凝土结构防火涂料系列

（一）106-2 隧道防火涂料

产品名称： 隧道防火涂料

产品型号： 106-2

检验类别： 型式检验

报告编号： 201360006

检验报告主要内容： 该涂料在涂层厚度为 26 mm 时耐火性能（RABT 升温）升温耐火时间为 2.0 h、降温耐火时间为 1.83 h，符合规定的耐火时间要求；其余各项技术指标均符合 GB28375—2012 的要求。

产品推荐理由（产品评价）： 专门针对隧道混凝土结构防火特性研制而成，率先通过了烃类火灾的安全性能检测，燃烧烟气毒性达到 AQ1（安全一级）标准。

（二）106-3 防火堤防火涂料

产品名称： 防火堤防火涂料

产品型号：106-3

检验类别：型式检验

报告编号：201360007

检验报告主要内容：该涂料在涂层厚度为 14 mm 时耐火性能（HC 升温）试验时间为 2.0 h，符合规定的耐火时间要求；其余各项技术指标均符合 GB28375—2012 的要求。

产品推荐理由（产品评价）：专门针对石油化工系统等露天混凝土结构防火特性联合研制而成的，其显著特点是耐腐蚀性和耐候性好、黏结强度高、涂层薄、耐火极限高，通过了烃类火灾的安全性能检测。

三、电线电缆防火封堵系列

（一）G60-3 电缆防火涂料

产品名称：电缆防火涂料

产品型号：G60-3

检验类别：型式检验

报告编号：201350539

检验报告主要内容：按 GA 181—1998 综合判定，该产品质量合格。

产品推荐理由（产品评价）：该涂料和同类型防火涂料相比，其耐潮湿、耐腐蚀、耐冻融、耐老化等性能尤为突出，防火阻燃效果良好；适用于电线电缆特别是环境较为恶劣如地下电缆、隧道电缆等的防火保护。

（二）DB-A2-FB 阻火包

产品名称：阻火包

产品型号：DB-A2-FB

检验类别：型式认可换证检验

报告编号：201120073

检验报告主要内容：该产品耐火性能为 2.0 h，符合规定的 A2 级耐火时间要求；按 GB23864—2009 综合判定，其质量合格。

产品推荐理由（产品评价）：该产品取代砖、矿渣棉、陶瓷棉等材料垒制成耐火隔墙或隔层，施工简便且墙体有一定的透气性，便于电缆的检修或更换。

（三）DR-A2-GF 柔性有机堵料

产品名称：柔性有机堵料

产品型号：DR-A2-GF

检验类别：型式认可换证检验

报告编号：201120072

检验报告主要内容：该产品耐火性能为 2.0 h，符合规定的 A2 级耐火时间要求；按 GB23864—2009 综合判定，其质量合格。

产品推荐理由（产品评价）：GF 柔性有机堵料是一种新型防火封堵材料，具有可塑性好、黏合性强、发烟量低、耐火极限高、施工简便等优点；另外，该产品成型后较疏松，便于电缆的检修和更换。

（四）DW-A2-SF 无机堵料

产品名称：无机堵料

产品型号：DW-A2-SF

检验类别：型式认可换证检验

报告编号：201120074

检验报告主要内容：该产品耐火性能为 2.0 h，符合规定的 A2 级耐火时间要求；按 GB23864—2009 综合判定，其质量合格。

产品推荐理由（产品评价）：SF 无机堵料是一种新型防火封堵材料，具有优良的理化性能和显著的防火阻燃效果；该产品固化快，强度高，无毒无味，耐火性能好，与金属、橡胶、塑料、木材、水泥等黏合性强。

（五）无机防火板

产品名称：无机防火板

产品型号：/

检验类别：型式检验

报告编号：201210526

检验报告主要内容：该产品厚度为 8 mm 型的防火板各项指标均符合 GB 25970—2010 中的规定。

产品推荐理由（产品评价）：无机防火板具有良好的耐水、隔热、阻火性能，可与阻火包、有机防火堵料等其他防火封堵材料配合使用，主要用于防火封堵时的支持、隔断、阻火段的分隔，以及不同压降电缆之间的防火分隔。

四、防火板材系列

（一）TF-1 隧道防火保护板

产品名称：隧道防火保护板

产品型号：TF-1

检验类别：型式检验

报告编号：201360009

检验报告主要内容：该产品在厚度为 18 mm 时耐火性能（RABT 升温）升温耐火时间为 2.0 h、降温耐火时间为 1.83 h，符合规定的耐火时间要求；其余各项技术指标均符合 GB 28376—2012 的要求。

产品推荐理由（产品评价）：产品具有烟气毒性低、耐水性能好、抗弯强度大、变形率小、耐火极限高等特点，适用于公路、铁路、地铁、城市过街隧道及其他地下工程的混凝土结构的防火保护。

（二）TF-2 钢结构防火保护板

产品名称：钢结构防火保护板

产品型号：TF-2

检验类别：/

报告编号：/

检验报告主要内容：该产品可以将钢结构的耐火极限提高到 3 小时以上。

产品推荐理由（产品评价）：与钢结构防火涂料相比，TF-2 钢结构防火保护板具有优良的耐火性能和耐久性。

（三）轻质防火隔墙

产品名称：轻质防火隔墙

产品型号：/

检验类别：型式检验（安全性能）

报告编号：201220445

检验报告主要内容：该防火隔墙在墙厚为 132 mm 时，其耐火性能为 180 min。

产品推荐理由（产品评价）：该产品具有单位面积重量低、节约空间、隔声防噪等效果；适用于对防火、防潮和保温有特殊要求的场所。

第二节　步阳集团有限公司推荐产品信息

产品名称：钢质隔热防火门

型号规格：GFM-1023-dk5A1.50（甲级）-1-带门镜—BY1 压花

检验类型：确认检验

报告编号：201323851

检验报告主要内容：经检验，该 GFM-1023-dk5A1.50（甲级）-1-带门镜—BY1 压花钢质隔热防火门所检验项目均符合 GB 12955—2008 中的规定（见附件检验报告）。

推荐理由（产品评价）：

（1）步阳集团是国内领先的入户门、防火门生产企业，拥有浙江、山东、四川、武汉四大生产基地，在全国有 6000 多家专卖店，凭借过硬的产品质量、完善的服务网络，产销量连续 10 年全国领先；

（2）步阳精品防火门选用步阳牌防火锁，耐火性能符合 GB12955—2008 中的规定，产品先后通过 ISO9001：2008 质量管理体系、IS014001：2004 环境管理体系认证，是国家建设部指定的"防盗、防火、安全门定点生产企业"。

（3）步阳精品防火门涵盖了钢质防火门、钢木质防火门、钢框木质防火门，可生产 50 mm，67 mm，88 mm 不同门扇厚度的单门、子母门、对开门，款式多样，是全国 1.2 万家房企的首选。

第三节　万嘉集团有限公司推荐产品信息

万嘉集团有限公司所生产的防火门产品系列，均严格按照按照国家标准组织生产，产品通过了公安部消防产品合格评定中心的型式认可，涵盖了 92 项主、分型产品。由于其产品新颖，因而深受广大消费者的喜爱和认同。

一、钢质隔热防火门系列

（一）GFM-1023-dk5 A1.50（甲级）-1-压型带门镜Ⅱ

产品名称： 钢质隔热防火门
型号规格： GFM-1023-dk5 A1.50（甲级）-1-压型带门镜Ⅱ
检验类别： 确认检验
报告编号： 201323657
检验报告主要内容： 经检验，GFM-1023-dk5 A1.50（甲级）-1-压型带门镜Ⅱ型钢质隔热防火门所检项目均符合 GB 12955—2008 中的规定。

（二）GFM-2123-bdk6 A1.00（乙级）-2-Ⅷ钢质防火门

产品名称： 钢质隔热防火门
型号规格： GFM-2123-bdk6 A1.00（乙级）-2-Ⅷ

检验类别：型式试验

报告编号：201422202

检验报告主要内容：经检验，GFM-2123-bdk6 A1.00（乙级）-2-Ⅷ型钢质隔热防火门耐火性能为 1.00 h，符合 A1.00（乙级）耐火时间要求；按 GB 12955—2008 综合判定，其质量合格。

（三）GFM-1523-bdk6 A1.00（乙级）-2-子母式-Ⅷ钢质隔热防火门

产品名称：钢质隔热防火门

型号规格：GFM-1523-bdk6 A1.00（乙级）-2-子母式-Ⅷ

检验类别：型式试验

报告编号：201422200

检验报告主要内容：经检验，GFM-1523-bdk6 A1.00（乙级）-2-子母式-Ⅷ型钢质隔热防火门耐火性能为 1.00 h，符合 A1.00（乙级）耐火时间要求；按 GB 12955—2008 综合判定，其质量合格。

（四）GFM-1023-bdk6 A1.50（甲级）-1-Ⅷ钢质隔热防火门

产品名称：钢质隔热防火门

型号规格：GFM-1023-bdk6 A1.50（甲级）-1-Ⅷ

检验类别：型式试验

报告编号：201422196

检验报告主要内容：经检验，GFM-1023-bdk6 A1.50（甲级）-1-Ⅷ型钢质隔热防火门耐火性能为 1.50 h，符合 A1.50（甲级）耐火时间要求；按 GB 12955—2008 综合判定，其质量合格。

（五）GFM-2123-bdk6 A1.50（甲级）-2-Ⅷ钢质隔热防火门

产品名称：钢质隔热防火门

型号规格：GFM-2123-bdk6 A1.50（甲级）-2-Ⅷ

检验类别：型式试验

报告编号：201422201

检验报告主要内容：经检验，GFM-2123-bdk6 A1.50（甲级）-2-Ⅷ型钢质隔热防火门耐火性能为 1.50 h，符合 A1.50（甲级）耐火时间要求；按 GB 12955—2008 综合判定，其质量合格。

（六）GFM-1822-dk6 A1.50（甲级）-2-Ⅷ钢质隔热防火门

产品名称：钢质隔热防火门

型号规格：GFM-1822-dk6 A1.50（甲级）-2-Ⅷ

检验类别：分型试验

报告编号：201490117

检验报告主要内容：GFM-1822-dk6 A1.50（甲级）-2-Ⅷ钢质隔热防火门为 GFM-2123-bdk6 A1.50（甲级）-2-Ⅷ钢质隔热防火门的分型产品，其检验项目均合格。

（七）GFM-1020-dk6 A0.50（丙级）-1-Ⅷ钢质隔热防火门

产品名称：钢质隔热防火门

型号规格：GFM-1020-dk6 A0.50（丙级）-1-Ⅷ

检验类别：型式试验

报告编号：201422198

检验报告主要内容：经检验，GFM-1020-dk6 A0.50（丙级）-1-Ⅷ型钢质隔热防火门耐火性能为 0.50 h，符合 A0.50（丙级）耐火时间要求；按 GB 12955—2008 综合判定，其质量合格。

二、钢木质隔热防火门系列

（一）GMFM-1023-dk6 A1.50（甲级）-1-Ⅳ钢木质隔热防火门

产品名称：钢木质隔热防火门

型号规格：GMFM-1023-dk6 A1.50（甲级）-1-Ⅳ

检验类别：型式试验

报告编号：201422204

检验报告主要内容：经检验，GMFM-1023-dk6 A1.50（甲级）-1-Ⅳ型钢木质隔热防火门耐火性能为 1.50 h，符合 A1.50（甲级）耐火时间要求；按 GB 12955—2008 综合判定，其质量合格。

（二）GMFM-1023-dk6 A1.00（乙级）-1-Ⅳ钢木质隔热防火门

产品名称：钢木质隔热防火门

型号规格：GMFM-1023-dk6 A1.00（乙级）-1-Ⅳ

检验类别：型式试验

报告编号：201422205

检验报告主要内容：经检验，GMFM-1023-dk6 A1.00（乙级）-1-Ⅳ型钢木质隔热防火门耐火性能为 1.00 h，符合 A1.00（乙级）耐火时间要求；按 GB 12955—2008 综合判定，其质量合格。

（三）GMFM-1022-dk6 A1.50（甲级）-1-带铣型-带门镜-Ⅳ钢木质隔热防火门

产品名称：钢木质隔热防火门

型号规格：GMFM-1022-dk6 A1.50（甲级）-1-带铣型-带门镜-Ⅳ

检验类别：型式试验

报告编号：201422206

检验报告主要内容：经检验，GMFM-1022-dk6 A1.50（甲级）-1-带铣型-带门镜-Ⅳ型钢木质隔热防火门耐火性能为 1.50 h，符合 A1.50（甲级）耐火时间要求；按 GB 12955—2008 综合判定，其质量合格。

（四）GMFM-1022-dk6 A1.00（乙级）-1-带铣型-带门镜-Ⅳ钢木质隔热防火门

产品名称：钢木质隔热防火门

型号规格：GMFM-1022-dk6 A1.00（乙级）-1-带铣型-带门镜-Ⅳ

检验类别：型式试验

报告编号：201422207

检验报告主要内容：经检验，GMFM-1022-dk6 A1.00（乙级）-1-带铣型-带门镜-Ⅳ型钢木质隔热防火门耐火性能为 1.00 h，符合 A1.00（乙级）耐火时间要求；按 GB 12955—2008 综合判定，其质量合格。

（五）GMFM-1021-dk6 A1.50（甲级）-1-带铣型-带门镜-Ⅳ钢木质隔热防火门

产品名称：钢木质隔热防火门

型号规格：GMFM-1021-dk6 A1.50（甲级）-1-带铣型-带门镜-Ⅳ

检验类别：型式试验

报告编号：201422208

检验报告主要内容：经检验，GMFM-1021-dk6 A1.50（甲级）-1-带铣型-带门镜-Ⅳ型钢木质隔热防火门耐火性能为 1.50 h，符合 A1.50（甲级）耐火时间要求；按 GB 12955—2008 综合判定，其质量合格。

（六）GMFM-1021-dk6 A1.00（乙级）-1-带铣型-带门镜-Ⅳ钢木质隔热防火门

产品名称：钢木质隔热防火门

型号规格：GMFM-1021-dk6 A1.00（乙级）-1-带铣型-带门镜-Ⅳ

检验类别：型式试验

报告编号：201422209

检验报告主要内容：经检验，GMFM-1021-dk6 A1.00（乙级）-1-带铣型-带门镜-Ⅳ型钢木质隔热防火门耐火性能为 1.00 h，符合 A1.00（乙级）耐火时间要求；按 GB 12955—2008 综合判定，其质量合格。

（七）GMFM-1023-dk6 A1.50（甲级）-1-Ⅵ 钢木质隔热防火门

产品名称：钢木质隔热防火门
型号规格：GMFM-1023-dk6 A1.50（甲级）-1-Ⅵ
检验类别：型式试验
报告编号：201422210
检验报告主要内容：经检验，GMFM-1023-dk6 A1.50（甲级）-1-Ⅵ型钢木质隔热防火门耐火性能为 1.50 h，符合 A1.50（甲级）耐火时间要求；按 GB 12955—2008 综合判定，其质量合格。

（八）GMFM-1023-dk6 A1.00（乙级）-1-Ⅵ 钢木质隔热防火门

产品名称：钢木质隔热防火门
型号规格：GMFM-1023-dk6 A1.00（乙级）-1-Ⅵ
检验类别：型式试验
报告编号：201422211
检验报告主要内容：经检验，GMFM-1023-dk6 A1.00（乙级）-1-Ⅵ型钢木质隔热防火门耐火性能为 1.00 h，符合 A1.00（乙级）耐火时间要求；按 GB 12955—2008 综合判定，其质量合格。

（九）GMFM-2123-dk6 A1.50（甲级）-2-Ⅳ 钢木质隔热防火门

产品名称：钢木质隔热防火门
型号规格：GMFM-2123-dk6 A1.50（甲级）-2-Ⅳ
检验类别：型式试验
报告编号：201422212
检验报告主要内容：经检验，GMFM-2123-dk6 A1.50（甲级）-2-Ⅳ型钢木质隔热防火门耐火性能为 1.50 h，符合 A1.50（甲级）耐火时间要求；按 GB 12955—2008 综合判定，其质量合格。

（十）GMFM-2123-dk6 A1.00（乙级）-2-Ⅳ 钢木质隔热防火门

产品名称：钢木质隔热防火门
型号规格：GMFM-2123-dk6 A1.00（乙级）-2-Ⅳ

检验类别：型式试验

报告编号：201422213

检验报告主要内容：经检验，GMFM-2123-dk6 A1.00（乙级）-2-Ⅳ型钢木质隔热防火门耐火性能为 1.00 h，符合 A1.00（乙级）耐火时间要求；按 GB 12955—2008 综合判定，其质量合格。

（十一）GMFM-1223-dk6 A1.50（甲级）-2-子母式-带铣型-带门镜-Ⅳ钢木质隔热防火门

产品名称：钢木质隔热防火门

型号规格：GMFM-1223-dk6 A1.50（甲级）-2-子母式-带铣型-带门镜-Ⅳ

检验类别：型式试验

报告编号：201422214

检验报告主要内容：经检验，GMFM-1223-dk6 A1.50（甲级）-2-子母式-带铣型-带门镜-Ⅳ型钢木质隔热防火门耐火性能为 1.50 h，符合 A1.50（甲级）耐火时间要求；按 GB 12955—2008 综合判定，其质量合格。

（十二）GMFM-1223-dk6 A1.00（乙级）-2-子母式-带铣型-带门镜-Ⅳ钢木质隔热防火门

产品名称：钢木质隔热防火门

型号规格：GMFM-1223-dk6 A1.00（乙级）-2-子母式-带铣型-带门镜-Ⅳ

检验类别：型式试验

报告编号：201422215

检验报告主要内容：经检验，GMFM-1223-dk6 A1.00（乙级）-2-子母式-带铣型-带门镜-Ⅳ型钢木质隔热防火门耐火性能为 1.00 h，符合 A1.00（乙级）耐火时间要求；按 GB 12955—2008 综合判定，其质量合格。

（十三）GMFM-1221-dk6 A1.50（甲级）-2-子母式-带铣型-带门镜-Ⅳ钢木质隔热防火门

产品名称：钢木质隔热防火门

型号规格：GMFM-1221-dk6 A1.50（甲级）-2-子母式-带铣型-带门镜-Ⅳ

检验类别：型式试验

报告编号：201422216

检验报告主要内容：经检验，GMFM-1221-dk6 A1.50（甲级）-2-子母式-带铣型-带门镜-Ⅳ型钢木质隔热防火门耐火性能为 1.50 h，符合 A1.50（甲级）耐火时间要求；按 GB 12955—2008 综合判定，其质量合格。

（十四）GMFM-1221-dk6 A1.00（乙级）-2-子母式-带铣型-带门镜-Ⅳ钢木质隔热防火门

产品名称： 钢木质隔热防火门

型号规格： GMFM-1221-dk6 A1.00（乙级）-2-子母式-带铣型-带门镜-Ⅳ

检验类别： 型式试验

报告编号： 201422217

检验报告主要内容： 经检验，GMFM-1221-dk6 A1.00（乙级）-2-子母式-带铣型-带门镜-Ⅳ型钢木质隔热防火门耐火性能为 1.00 h，符合 A1.00（乙级）耐火时间要求；按 GB 12955—2008 综合判定，其质量合格。

（十五）GMFM-2123-dk6 A1.50（甲级）-2-Ⅵ钢木质隔热防火门

产品名称： 钢木质隔热防火门

型号规格： GMFM-2123-dk6 A1.50（甲级）-2-Ⅵ

检验类别： 型式试验

报告编号： 201422218

检验报告主要内容： 经检验，GMFM-2123-dk6 A1.50（甲级）-2-Ⅵ型钢木质隔热防火门耐火性能为 1.50 h，符合 A1.50（甲级）耐火时间要求；按 GB 12955—2008 综合判定，其质量合格。

（十六）GMFM-2123-dk6 A1.00（乙级）-2-Ⅵ钢木质隔热防火门

产品名称： 钢木质隔热防火门

型号规格： GMFM-2123-dk6 A1.00（乙级）-2-Ⅵ

检验类别： 型式试验

报告编号： 201422219

检验报告主要内容： 经检验，GMFM-2123-dk6 A1.00（乙级）-2-Ⅵ型钢木质隔热防火门耐火性能为 1.00 h，符合 A1.00（乙级）耐火时间要求；按 GB 12955—2008 综合判定，其质量合格。

第四节　北京茂源防火材料厂推荐产品信息

（一）NCB（JF-203）室内超薄型钢结构防火涂料

产品名称： 室内超薄型钢结构防火涂料

型号规格： NCB（JF-203）

检验类别：型式认可换证检验

报告编号：2010—1194

性能：该产品理化性能及防火性能符合 GB14907—2002。

特点及用途：该类钢结构防火涂料为溶剂型，主要由基料、阻燃剂、成碳剂、膨胀剂、颜填料、溶剂等组成，具有优越的黏结强度、耐候耐水性好、流平性好、装饰性好等特点；在受火时缓慢膨胀发泡形成致密坚硬的防火隔热层，该防火层具有很强的耐火冲击性，延缓了钢材的温升，能有效地保护钢构件，一般使用在耐火极限要求在 2 h 以内的建筑钢结构上；各种轻钢结构、网架等多采用该类型防火涂料进行防火保护。

（二）NB（JF-206）室内薄型钢结构防火涂料

产品名称：室内薄型钢结构防火涂料

型号规格：NB（JF-206）

检验类别：型式认可发证检验

报告编号：2010—3891

性能：该产品理化性能及防火性能符合 GB14907—2002。

特点及用途：该产品系水性钢结构防火涂料，涂刷于钢构件表面，遇火时涂层膨胀发泡形成炭化的耐火隔热保护层，隔绝氧气，延滞钢结构受热的速度，避免钢构件快速升温，从而提高钢结构的耐火时限。该产品可满足耐火极限为 0.5-2.5 h 防火保护的要求，适用于建筑设计防火为一级耐火等级中支承单层的柱、梁、屋顶承重构件以及疏散楼梯等。

（三）NH（JF-202）室内厚型钢结构防火涂料

产品名称：室内厚型钢结构防火涂料

型号规格：NH（JF-202）

检验类别：型式认可换证检验

报告编号：2010—1192

性能：该产品理化性能及防火性能符合 GB14907—2002。

特点及用途：该产品具有不腐蚀钢材、不与任何防腐底漆起化学反应、无刺激性气味、涂层质量轻、单位涂覆面积大、不产生烟气，依靠涂层自身的不燃性和低导热性形成耐火隔热保护层，遇火时迟缓火势对承重构件的直接侵袭，从而有效提高钢结构的耐火极限，不释放有害气体等特点；适用于各种新建、扩建和改建的工业与民用建筑工程中钢结构承重构件的防火涂装及防火保护。

（四）WH（JF-202）室外厚型钢结构防火涂料

产品名称：室外厚型钢结构防火涂料

型号规格：WH（JF-202）

检验类别：型式认可换证检验

报告编号：2010—1193

性能：该产品理化性能及防火性能符合 GB14907—2002。

特点及用途：该涂料以无机绝热材料为主要成分的厚质防火涂料，无毒、不燃、不含石棉成分，涂层可对建筑结构提供可靠的防火保护（属烃类防火）；具有强度高、耐潮、抗冻等特点。该涂料不仅可用于一般建筑结构的防火保护，而且特别适用于石油化工工程、汽车库、石油钻井平台等易发生因碳氢化合物引起的高温火灾的建筑防火；可在室外气候条件下长期使用。

第五节　四川兴事发门窗有限责任公司推荐产品信息

四川兴事发门窗有限责任公司主要生产经营防盗安全门、防火门、钢质门、保温门、室内门、自动车库门、楼寓对讲系统、防护窗、防火卷帘门、卷闸门窗十大系列 100 余个产品，获得了五十余项专利技术，通过了 ISO9001 国际质量管理体系认证和 ISO14001 环境管理体系认证。

该公司生产的防盗门、防火门严格执国家标准（GB 17565—2007 和 GB 12955—2008），产品采用优质钢材制作门框、门扇骨架和门扇面板，防火门芯填料经国家认可授权的检测机构检验达到 GB 8624—2006 中规定燃烧性能 A1 级要求和 GB/T 20285—2006 中规定产烟毒性危险分级 ZA2 级要求。该公司注重生命和财产的安全呵护与防患。

该公司送检的防火门产品达到国家标准（GB 12955—2008）的要求，取得防火门产品型式认可证书共 25 份，证书编号为 073144492184ROM—073144492208ROM，并在"消防产品信息网"网站公布认证结果。

一、木质隔热防火门系列

产品名称：木质隔热防火门

型号规格：MFM-1023-dk5 A1.00（乙级）-1

检验类别：确认检验

报告编号：201420533

检验报告主要内容：经检验，MFM-1023-dk5 A1.00（乙级）-1 木质隔热防火门所检项目均符合 GB 12955—2008 中的规定。按 GB 28375—2012 综合判定，该产品质量合格。

二、防火铰链系列

产品名称：防火铰链

型号规格：XSFFHJL3

检验类别：型式检验（安全性能）

报告编号：201421606

检验报告主要内容：经检验，XSFFHJL3 型防火铰链耐火性能为 1.50 h。按 GB 28375—2012 综合判定，该产品质量合格。

三、钢木质隔热防火门系列

（一）GMFM-1022-bdk5 A1.50（甲级）-1-A 型钢木质隔热防火门

产品名称：钢木质隔热防火门

型号规格：GMFM-1022-bdk5 A1.50（甲级）-1-A

检验类别：型式试验

报告编号：201422363

检验报告主要内容：经检验，GMFM-1022-bdk5 A1.50（甲级）-1-A 型钢木质隔热防火门耐火性能为 1.50 h，符合 A1.50（甲级）耐火时间要求；按 GB 12955—2008 综合判定，其质量合格。

（二）GMFM-1023-bdlk5 A1.00（乙级）-1-A 型钢木质隔热防火门

产品名称：钢木质隔热防火门

型号规格：GMFM-1023-bdlk5 A1.00（乙级）-1-A

检验类别：型式试验

报告编号：201422367

检验报告主要内容：经检验，GMFM-1023-bdlk5 A1.00（乙级）-1-A 型钢木质隔热防火门耐火性能为 1.00 h，符合 A1.00（乙级）耐火时间要求；按 GB 12955—2008 综合判定，其质量合格。

第六节　深圳市龙辉三和安全科技工程有限公司推荐产品信息

一、特级防火卷帘系列

产品名称：特级防火卷帘

型号规格：TFJ（W）-300300-TF3-Cz-S-400

检验类别：型式检验

报告编号：201424179

检验报告主要内容：经检验，TFJ（W）-300300-TF3-Cz-S-400型特级防火卷帘在帘面间距400 mm时耐火性能为3.00 h，符合规定的TF3级耐火时间要求；按GB14102—2005综合判定，其质量合格。

产品推荐理由（产品评价）：该产品为折叠式无机特级防火卷帘，无需消防水喷淋，能制作大跨度防火卷帘，且横向可为任意形状，能满足大型商场等的防火卷帘需求（一般大型商场装修形状复杂，很多地方要求防火卷帘横向为非直线形状且跨度大）。

二、钢质防火卷帘系列

产品名称：钢质防火卷帘

型号规格：GFJ-300520-F3-SP-D-80

检验类别：型式检验

报告编号：201424176

检验报告主要内容：经检验，GFJ-300520-F3-SP-D-80型钢质防火卷帘耐火性能为3.00 h，符合规定的F3级耐火时间要求；其余检验项目均合格。按GB14102—2005综合判定，该产品质量合格。

产品推荐理由（产品评价）：该产品为钢质复合水平推移防火卷帘，其大跨度水平推移防火卷帘，主要用于大型商场的扶梯口，既美观又几乎不占用商场的商用场地，能提高商场面积的利用率，是大型商场中防火卷帘的理想产品。

三、钢木质隔热防火门系列

产品名称：钢木质隔热防火门

型号规格：GMFM-1523-d5 A1.00（乙级）-2-子母式-带造型（双）-带门镜（C型）

检验类别：型式检验

报告编号：201422878

检验报告主要内容：经检验，GMFM-1523-d5 A1.00（乙级）-2-子母式-带造型（双）-带门镜（C型）钢木质隔热防火门耐火性能为1.00 h，符合规定的A1.00（乙级）耐火时间要求；按GB16809—2008综合判定，该产品质量合格。

产品推荐理由（产品评价）：该产品为钢木复合别墅门，其框和扇均为钢木复合，豪华、大气、高档，主要用作别墅和高档的中、高层住宅楼的户门，是高档、豪华住宅区所用户门之理想产品。

四、钢质隔热防火门系列

产品名称：钢质隔热防火门

型号规格：GFM-1523-d5 A1.00（乙级）-2-子母式-带门镜

检验类别：型式检验

报告编号：201422857

检验报告主要内容：经检验，GFM-1523-d5 A1.00（乙级）-2-子母式-带门镜钢质隔热防火门耐火性能为 1.00 h，符合规定的 A1.00（乙级）耐火时间要求；按 GB16809—2008 综合判定，该产品质量合格。

产品推荐理由（产品评价）：该产品为优质金属防火安全门，是高档时尚户门，主要用于高档花园和别墅。

耐烃类火灾钢结构防火涂料的耐高温阻燃黏结剂的研究及应用[①]

覃文清[②]

（公安部四川消防研究所，四川 成都，610036）

【摘　要】　本文综述了耐烃类火灾钢结构防火涂料的研究，并重点介绍了用于耐烃类火灾钢结构防火涂料的耐高温阻燃黏结剂的研究。研究中采用在无机黏接剂分子结构中引入有机黏接剂并将几种黏结剂拼合反应形成复合黏结剂，在复合黏接剂分子结构中引入 Al_2O_3 无机阻燃元素的技术路线，提高了耐烃类火灾钢结构防火涂料用的复合黏接剂耐水性、耐候性和畜变、抗裂、韧性，以及在高温下的黏结性等理化性能和阻燃性。使研究出的钢结构防火涂料耐候、耐水性能好，在耐烃类火灾和高温中遭受可燃气体爆炸作用后，防火涂层的黏结性强不脱落、不炸裂和产生裂缝，具有坚韧抗裂性和高效防火隔热阻燃效果，且无毒，在燃烧时不产生浓烟和毒气等。

【关键词】　耐烃类火灾；钢结构；防火涂料；黏结剂；阻燃剂；耐火极限

① 十二五国家科技支撑计划，项目编号：2011BAK03B0302。

② 覃文清，女，56 岁，研究员，1982 年 1 月毕业于华东化工学院（现上海理工大学），长期从事防火涂料及阻燃材料的产品开发研究和阻燃技术方面的理论研究工作；其研究出的饰面性防火涂料、钢结构防火涂料、电缆防火涂料、预应力混凝土楼板防火涂料、隧道防火涂料、有机和无机防火堵料、阻火包、防火密封条、无机轻质复合防火板、外墙保温阻燃材料等项科研成果分别获得国家技术发明二等奖或部、省和厅、局级科技成果进步奖，并已在全国各地广泛地推广应用，取得了显著的社会效益和经济效益。目前，她正在主持承担"十二五"国家科技攻关项目（《城市火灾治关键技术研究及应用示范》课题 3《耐烃类火灾防火保护新技术及材料研究》）和多项部级重大研究项目。联系地址：四川省成都市金牛区金科南路 69 号；电话：（028）87510950，13908072652；邮编：610036；E-mail：xfkyszhs@mail.sc.cninfo.net。

Research and application of high-temperature resistant and fire retardant binder of fire coatings for steel structures resistant to hydrocarbon fires

Qin Wenqing, Senior researcher with Sichuan Fire Research Institute of Ministry of Public Security

（69, South Jinke Road, Jinniu District of Chengdu, Sichuan, 610036）

（As National 12th Five-Year-Plan for Science & Technology Support Program, with program number of 2011BAK03B0302-1）

Abstract: The research on the fire coatings for steel structures resistant to hydrocarbon fires has been discussed in this paper, and the research on the high-temperature resistant and fire retardant binder of fire coatings for steel structures resistant to hydrocarbon fires has been mainly introduced here.

In order to improve the water resistance, weather resistance, break resistance, fracture toughness, tenacity and the adhesion at high temperature of the composite binder of the fire coatings for steel structures resistant to hydrocarbon fires, the technical method is adopted here in which the organic binder is used into the molecular structures of the inorganic binder to form the composite binder after the reaction of several mixed binders, and the inorganic fire-retardant element of AL_2O_3 is introduced into the composite binder. Thus, the fire coatings are characterized with good weather resistance, water resistance, fracture toughness, high tenacity, high efficiency of heat preservation, heat insulation, fire retardance and non-toxicity. And there will no falling, breakage, crack of the fire coatings, thick smoke or toxicity in hydrocarbon fire or after the explosion of the flammable gas in high temperature.

Key words: Resistance to hydrocarbon fires, steel structure, fire coatings, binder, fire retardant and fire resistance

1 概　述

随着我国石油行业的发展和海上石油开采步伐的加快，对耐烃类火和爆炸的户外用防火涂料的需求量将越来越大。在石化系统火灾中，多伴随有爆炸的发生。如石油化工企业生产的原料和产品，几乎都是易燃、易爆物质，因此起火后，燃烧速度都很快。例如，可燃气体燃烧后，其火焰的蔓延速度非常快，有时是以爆炸的形式出现的；易燃、可燃液体燃烧时，火焰蔓延速度也是较快的，并具有流动性，容易造成火势蔓延扩大。石油化工企业车间或贮罐发生火灾，由于各种因素影响，有的是先爆炸，后着火，有时是先着火，后爆炸，有的甚至发生多次爆炸和沸溢喷溅。在爆炸冲击波的作用下，建筑结构遭到破坏，变形或倒塌，从而失去防火保护作用。在"911"事故中，就是先发生爆炸，然后起火，消防设施丧失对下面结构的保护作用。

如果防火涂层在发生的爆炸中就已脱落，不管其耐火极限有多高，也同样起不到好的保护作用。因此结合我国建设和经济发展的现状、社会的需要，在现有技术水平的基础上，结合我国消防法规和规范的要求，从阻燃基本理论出发，对防火涂料和涂层的结构与性能进行进一步研究，针对石化系统烃类火灾、室外防火保护需要[1]，研究一种耐烃类火灾的钢结构防火涂料及其系统，其技术指标如下：a、按照石油化工耐火试验升温曲线，耐烃类火灾试验耐火极限达 60 min；b、具有优良的黏结力、抗潮耐水、耐腐蚀、耐冻融、耐湿热和抗老化性能，该涂料可以广泛应用于室外。主要用于石化企业、炼油厂及海上石油平台，特别适用于有烃类火灾危险的钢结构保护。c、防火涂料黏结力强，具有优异的抗冲击强度，在爆炸发生后仍能保持完好并粘附在基材上。d、该涂装体系具有一定装饰性。e、建立防火涂料气体爆炸实验评价方法，可用于评价防火涂料抵御爆炸的能力。

在研究耐烃类火灾钢结构防火涂料中，还要求其在高温中遭受可燃气体爆炸作用后，防火涂层的黏结性强不脱落、不炸裂和产生裂缝，防火、耐火极限好，同时还应具备耐候耐水、耐化学腐蚀性、耐热性、耐酸碱、施工简易等特点，因而防火涂料所用的黏结剂是关键组分之一，首先重点对其用的耐高温阻燃黏结剂进行研究，使研究出的钢结构防火涂料用于石化建筑结构上，不仅能耐烃类火灾，当防火涂料涂层遭受可燃气体爆炸作用后，防火涂层的黏结性强不脱落、防火、耐火极限好，起到很好的防火保护作用，还具有优良的耐化学腐蚀性、耐热性、耐酸碱、耐水耐候等性能[2]。

下面重点介绍在耐烃类火灾钢结构防火涂料性能研究过程中，对其防火涂料用的耐高温阻燃黏结剂的改性、制备工艺、应用性能等方面的研究工作。

2 耐烃类火灾钢结构防火涂料用的高温阻燃黏结剂的实验研究

由于钢结构防火涂料在烃类火灾中具有高效的防火隔热性能和较好的理化性能外，还要求其在高温中遭受可燃气体爆炸作用后，防火涂层的黏结性强不脱落、不炸裂和产生裂缝，防火、耐火极限好，同时还应具备耐候耐水、耐化学腐蚀性、耐热性、耐酸碱、施工简易等特点，因而防火涂料所用的黏结剂是关键组分之一，黏结剂选择得好与否不仅对防火涂料的理化性能有决定作用，也直接影响防火涂料的防火隔热效果。因此，黏结剂选择的原则是充分考虑并合理兼顾这两个方面。从产品竞争力上着眼还应考虑其经济性。为使防火涂料在烃类火灾中或高温中遭受可燃气体爆炸作用下能保持一定的强度和结构完整性，研究选择的黏结剂应当是能在高温下转化为耐高温的抗裂胶结材料或能被烧结的抗裂黏结材料。在耐高温阻燃黏结剂研究中，可采取在黏结剂分子结构中引入阻燃元素，使防火涂料具有良好的防火性能，为提高防火涂料的理化性能，采用几种黏结剂拼合或反应形成的复合黏结剂作为该防火涂料的黏结剂，利用复合黏结剂之间能取长补短、成膜后的韧性好等特点来使防火涂料具有耐老化、在烃类火灾中或高温中遭受可燃气体爆炸作用下能保持一定的黏结强度和结构完整性，防火性能好、耐候耐水、耐化学腐蚀性、耐热性、耐酸碱性能好等优点。可用作防火涂料的黏结剂种类较多，常用的有硅酸纳、硅酸钾、丙烯酸乳液、聚乙烯改性丙烯酸乳液、苯乙烯—丙烯酸乳液、聚醋酸乙烯乳胶、丙苯乳液等，这些黏结剂的玻璃化温度低，在常温、高温下有较好的柔韧性，而且有较好的耐热性和良好的黏结性，用这些黏结剂并合理地配以其他组分制成的防火涂料，往往能满足防火性能和理化特性的要求。

在防火涂料的研究中，我们选用的的主体胶凝材料为普通硅酸盐黏结剂，但在黏结强度、抗裂性、防水性和耐候性等方面存在一定缺陷。研究实践证明，解决这些问题的比较好的办法是对黏结剂进行改性，即采用几种黏结剂拼合在一起的复合黏结剂作为该类防火涂料的黏结剂。利用合成黏结剂相互之间能取长补短，流平性好、韧性好、装饰强等特点来达到预期目的。因此，必须加入抗裂耐高温辅助胶粘剂对其进行黏接剂的改性。在研究中我们采用在黏接剂分子结构中引入 Al_2O_3 无机阻燃元素，赋予材料良好的耐高温性能和阻燃性能；在无机黏接剂分子结构中引入有机黏结剂，赋予材料良好的耐水耐候、畜变、抗裂等理化性能；另外将几种黏结剂拼合或反应形成复合黏结剂，赋予材料良好的综合性能。利用合成黏结剂相互之间能取长补短，流平性好、成膜后的韧性好等特点来达到预期目的。该防火涂料的辅助胶粘剂改性是一种以有机硅改性聚丙烯酸酯类乳液，以提高黏结剂的耐候性和在高温下的黏结性及阻燃性。聚丙烯酸乳液主链由C—C 键构成，侧链为羧酸酯基等极性基团，这一结构特征赋予其黏附力强、耐氧化、耐气候和耐油性等优点，其主要缺点耐污、耐水、透湿性较差。聚有机硅氧烷（简称有机硅）主链 Si—O—Si 链为无机结构，侧链为—CH_3等有机基团，因而是一类典型的半无机半有机高分子。聚有机硅氧烷，Si—O 键能高、内旋转能垒低，分子摩尔体积大，表面能小，导致其具有优异的耐高低温性、耐水性、电绝缘性、耐化学性能和较高的阻燃性。用有机硅对丙烯酸酯进行改性，可综合二者的优点，改善丙烯酸酯"热粘冷脆"、耐候、耐水、耐高温等性能，提高成膜物的力学性能。

为了发挥不同黏结剂的优点，克服其性能不足之处，我们进行了用有机硅改性丙烯酸乳液的研究。在研究中采用在丙烯酸乳液分子结构引入有机硅等其他基团的共聚法，改善聚硅氧烷和聚丙烯酸酯的相容性，抑制有机硅分子表面迁移，使二者分散均匀，从而达到改善聚丙烯酸酯乳液物理机械性能的目的[3 4]。使研究的防火涂料不仅具有优良的耐化学腐蚀性、耐热性、耐酸碱、耐水耐候等性能和良好的耐烃类火灾的防火隔热阻燃效果，在高温中遭受可燃气体爆炸作用后，防火涂层的黏结性强不脱落、不炸裂和产生裂缝，防火、耐火极限好，受火时的黏结性也大大提高。

2.1 改性乳液的制备

将定量带烷氧基的有机硅和带异氰酸酯基的丙烯酸酯倒入 FYX—2L 内衬搪瓷反应釜釜内，以碱催化，控制一定的聚合反应工艺条件，通过有机硅与带有异氰酸酯基的聚丙烯酸酯的聚合反应，将聚硅氧烷键合到丙烯酸乳液上，从而制得有机硅改性丙烯酸的

共混改性乳液。聚二甲基硅氧烷（PDMS）与异氰酸酯基的丙烯酸酯进行缩合、共聚成了新型硅丙共混改性乳液如下式

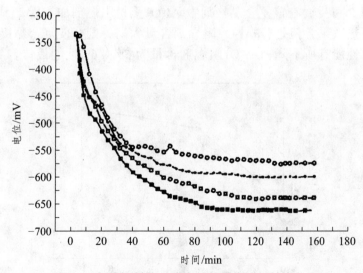

改性后的硅丙乳液在耐化学腐蚀性、耐热性、耐高温性、耐溶剂及耐冲击强度和黏结性强方面均比丙烯酸乳液有明显改进。

用硅酸盐黏结剂和改性后的丙烯酸黏结剂在一定条件下反应形成复合黏结剂，用复合黏结剂配制的防火涂料，具有坚韧抗裂性、韧性、软化点、耐水、耐候性大大提高，装饰性更强、耐候性、耐化学药品性能以及耐热性更加优异，受耐烃类火灾时黏结性及防火、阻燃效果大大提高。

2.2 改性树脂防腐性评价

采用开路电位法评价复合黏接剂的防腐性能，利用达到平衡后的开路电位大小来衡量复合黏接剂防腐性能的优劣，开路电位高，则防腐性能好。具体做法如下：将涂有硅酸盐黏结剂 1、丙烯酸黏结剂 2、改性后的丙烯酸黏结剂 3、复合黏接剂 4 并干燥后的钢板浸入各种腐蚀介质（如酸性溶液、碱性溶液或自来水）中，以铂电极作为参考电极，用 PHS — 2C 型数显酸度计测试钢板的开路电位随时间的变化，评价其防腐性能[5 6]。

图 1 给出了 1、2、3、4 黏接剂的开路电位随浸泡时间的变化。

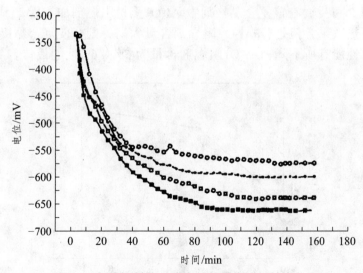

图 1 各黏接剂的开路电位随浸泡时间的变化

—○—复合黏接剂 4；—·—改性后的丙烯酸黏接剂 3；—◎—丙烯酸黏接剂 2；—■—硅酸盐黏接剂 1

从图 1 中可以发现，复合黏接剂 1、2、3、4，平衡开路电位分别为一 660 mV、一 638 mV、一 598 mV 和一 573 mV。复合黏接剂 4 的平衡开路电位最高，硅酸盐黏接剂 1 平衡开路电位最低，这说明用硅酸盐黏结剂和改性后的丙烯酸黏结剂在一定条件下反应形成的复合黏结剂具有较好的防腐性能，用其复合黏接剂研制的钢结构防火涂料具有优异的防火隔热性能和防腐性能。

2.3 Al_2O_3 无机阻燃剂的用量对复合黏接剂性能影响的实验研究

为了提高防火涂料用的复合黏接剂在高温中的黏结性强和良好的防火阻燃性能[7 8]，在研究中我们采用在黏结剂中选用加入了一定量的 Al_2O_3 无机阻燃添加剂，在大量的实验研究中发现，随着 Al_2O_3 无机阻燃剂加入量的增高反而使黏接剂的性能有所下降。实验研究了 Al_2O_3 无机阻燃剂加的加入量对复合黏接剂性能的影响，表 1 列出了部分实验数据。

表 1 Al_2O_3 无机阻燃剂加的用量对复合黏接剂性能的影响

Al_2O_3 无机阻燃剂加的含量（%）	1	3	4	5	6	7
附着力	一级	一级	一级	一级	一级	二级
柔韧性	1 mm	1 mm	1 mm	1 mm	1 mm	2 mm
自来水中浸泡 24 h	无起泡、脱落	无起泡、脱落	无起泡、脱落	无起泡、脱落	无起泡、脱落	有点起泡、无脱落
耐冲击强度	50kg.cm	50kg.cm	50kg.cm	50kg.cm	50kg.cm	30kg.cm

注：附着力按国家标准 GB/T 1720 进行；柔韧性按国家标准 GB/T 1731 进行；耐水性按国家标准 GB/T 1733 中甲法进行。

由表 1 和图 2 可见，在该复合黏接剂中 Al_2O_3 无机阻燃剂加入后，大大提高了复合黏接剂的防火隔热效果，但是若 Al_2O_3 阻燃剂含量太高，则会使复合黏接剂变硬脆，附着力降低，防水性能有所下降，Al_2O_3 阻燃剂含量为 5%～6%性能最佳。

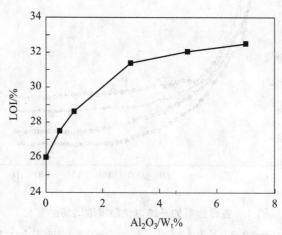

图 2 Al_2O_3 无机阻燃剂加的用量对复合黏接剂氧指数的影响

另外用烟箱试验装置对复合黏接剂 1（未加 Al_2O_3）、复合黏接剂 2（加入 1% 的 Al_2O_3）、复合黏接剂 3（加入 4% 的 Al_2O_3）、复合黏接剂 4（加入 6% 的 Al_2O_3）分别做了烟浓度测试，结果曲线见图 3。

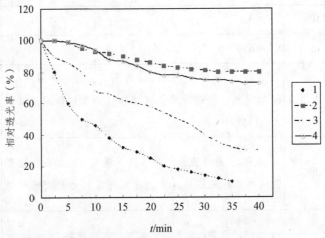

图 3　复合黏接剂的相对透光率—时间曲线

由图 2 复合黏接剂 1、2、3、4 相对透光率—时间曲线图可看出，添加了 Al_2O_3 阻燃剂后的复合黏接剂 2、3、4 的产烟量明显下降，随着 Al_2O_3 阻燃剂的加入量的增大，初始生烟时间显著地推迟，生烟速度也明显降低。从而证明 Al_2O_3 阻燃剂有明显的消烟作用[9 10]。

2.4　钢结构防火涂料的性能测试

用改性后的硅丙乳液中加入 6% Al_2O_3 的复合黏接剂和有机无机复合阻燃剂制备的钢结构防火涂料送国家防火建材质检中心进行了检测。其相关性能指标见表 2。

表 2　耐烃类火钢结构防火涂料性能指标

序号	检验项目	技术指标	实测结果
1	耐火性能	丧失承载能力：按 GA/T 714—2007 规定的 HC 升温曲线进行升温，试件最大变形量超过极限弯曲变形量 $D=L^2$（$400 \times d$）；试件最大变形速率在变形量达到 L/30 后超过极限弯曲变形速率 $dD/dt = L^2$（$9000 \times d$），L：试件净跨度（5 630 mm），d：试件截面上抗压点与抗拉点之间的距离（400 mm）。	涂层厚度 23 mm；耐火性能试验时间 2.0 h。试件最大变形量 90.9 mm
2	在容器中的状态	经搅拌后呈均匀液态或稠厚流体状态，无结块	符合要求
3	干燥时间（表干）/h	≤24	8

続表 2

序号	检验项目	技术指标	实测结果
4	初期干燥抗裂性	允许出现 1~3 条裂纹，其宽度应≤1 mm	符合要求
5	黏结强度/MPa	≥0.04	0.12
6	抗压强度/MPa	≥0.5	0.8
7	干密度/（kg/m³）	≤650	514
8	耐曝热性/h	≥720，涂层应无起层、脱落、空鼓、开裂现象。附加耐火性能钢梁内部达到临界温度的时间衰减不大于 35%	720，符合要求衰减 6%
9	耐湿热性/h	≥504，涂层应无起层、脱落现象。附加耐火性能钢梁内部达到临界温度的时间衰减不大于 35%	504，符合要求衰减 5%
10	耐冻融循环性/次	≥15，涂层应无开裂、脱落、起泡现象。附加耐火性能钢梁内部达到临界温度的时间衰减不大于 35%	15，符合要求衰减 4%
11	耐酸性/h	≥360，涂层应无起层、脱落、开裂现象。附加耐火性能钢梁内部达到临界温度的时间衰减不大于 35%	360，符合要求无衰减
12	耐碱性/h	≥360，涂层应无起层、脱落、开裂现象。附加耐火性能钢梁内部达到临界温度的时间衰减不大于 35%	360，符合要求衰减 13%
13	耐盐雾腐蚀性/次	≥30，涂层应无起泡，明显的变质、软化现象。附加耐火性能钢梁内部达到临界温度的时间衰减不大于 35%	30，符合要求衰减 4%

该防火涂料综合性能经国家防火建材质检中心检测，其防火性能和理化性能优良，各类性能指标达到预定的要求。从而同样证明用改性后的硅丙乳液中加入 6% Al_2O_3 的复合黏接剂，提高涂料的耐候性和受火时涂料的发泡层与钢材的黏结性[10]，同时使其具有防腐蚀性，制备的钢结构防火涂料具有优异的防火隔热性能和防腐性能。

通过上述的实验研究可以看出，加入 Al_2O_3 阻燃剂可大大提高复合黏接剂的热稳定性和阻燃性。在该类防火涂料研究中采用复合黏接剂加入 Al_2O_3 阻燃剂的技术路线，使研究出的防火涂料在受烃类火灾时和高温中遭受可燃气体爆炸作用后黏结性好，在高温中不炸裂和产生裂缝，具有坚韧抗裂性、韧性、耐候、耐水性能和高效防火隔热阻燃效果。当 Al_2O_3 阻燃剂的加入量在 6%时，该类防火涂料既有很好的防火性能，又有良好的理化性能。加入 Al_2O_3 阻燃剂对防火涂料有明显的消烟作用，可使该类防火涂料不仅在燃烧时不产生浓烟和毒气，且有良好的防火隔热阻燃效果。

3 结 论

（1）在防火涂料耐高温阻燃黏结剂的研究中采用在无机黏接剂分子结构中引入有机黏结剂的技术路线，即在研究中采用在丙烯酸乳液分子结构引入有机硅等其他基团的共聚法，以提高乳液的耐候性和在高温下的黏结性，然后用硅树脂改性丙烯酸乳液对硅酸盐黏结剂进行改性，克服了黏结剂硬而脆的缺陷，提高材料的耐水耐候、畜变、抗裂等理化性能；另外将几种黏结剂拼合反应形成复合黏结剂，赋予材料良好的综合性能。利用合成黏结剂相互之间能取长补短，流平性好、韧性好，使研究的防火涂料具有高效的耐候、耐水性能，在受火时黏结性好，在高温中不炸裂和产生裂缝。开创了防火涂料在受烃类火灾时和高温中遭受可燃气体爆炸作用后黏结性好功能的新技术途径。

（2）在防火涂料耐高温阻燃黏结剂的研究中采用在复合黏接剂分子结构中引入 Al_2O_3 无机阻燃元素，赋予材料高效的阻燃性能，以提高黏结剂的耐候性和在高温下的黏结性及阻燃性。使研究出的防火涂料耐候、耐水性能好，在受烃类火灾时和高温中遭受可燃气体爆炸作用后黏结性好，在高温中不炸裂和产生裂缝具有坚韧抗裂性和高效保温隔热阻燃效果。当 Al_2O_3 阻燃剂的加入量在 6%时，研制的该类防火涂料既有很好的防火性能，又有良好的理化性能。加入 Al_2O_3 阻燃剂对防火涂料有明显的消烟作用，可使该防火涂料不仅在燃烧时不产生浓烟和毒气，且有良好的阻燃效果，为发展我国绿色环保防火涂料的研究、推动我国的消防事业，具有十分重要的意义。

（3）用研究出的耐高温阻燃黏结剂研制出的该类防火涂料，具有在受烃类火灾时和高温中遭受可燃气体爆炸作用后黏结性好，不炸裂和产生裂缝，具有坚韧抗裂性、韧性、耐化学腐蚀性、耐热性、耐酸碱、耐候、耐水性能和高效的防火性能，装饰性好、安全环保、施工简易、绿色环保，工程综合造价低等优点。另外其原料来源丰富易得，配方可靠，生产工艺可行易掌握，无环境污染，使用性能稳定，由于耐烃类火灾钢结构防火防腐涂料为适应市场的需求而研究，适用于工业厂房、体育馆、候机厅、高层建筑等装饰性要求很高的钢结构建筑的防火保护和石油化工、油气罐支架、矿山钻井等露天钢结构的建筑，该涂料在同一涂层上具有防火和防腐、装饰多重作用，既可用于室内，也可用于室外，可采用喷涂、抹涂施工，因此能很方便地用于各种钢结构。随着钢结构的建筑不断增多、消防法规和防火规范的深入贯彻实施，该项成果将具有广阔的推广应用前景，随着该项目的完成及应用，必将产生显著的社会和经济效益，对我国的消防安全工作作出重要贡献。

参考文献

[1] Ikkala O，Jussila M，o A，et al. Corrosion Resistant Coatings. 美国专利1，6 500 544. 2002—12—31

[2] Dewayne K M，Glenn M T，Ralph V R P，et al. Polyaniline Coating Composition. 欧洲专利1. 1 258 513. 2002-11-20.

[3] 马志领，宋占表. 膨胀型阻燃剂磷酸-季戊四醇-三聚氰酰胺聚合物的合成及其在聚丙烯中的应用[J]. 化学世界，2001，4：184-186.

[4] M Modesti，A Lorenzetti. Halogen-free flame retardants for polymeric foams[J]. Polymer Degradation and Stability，2002，78（1）：167-173.

[5] 虞兆年. 防腐蚀涂料和涂装. 北京：化学工业出版社，2001：49-180.

[6] erect Steven K，Hawkins T R Method for Applying a Coating that Acts as an Electrolytic Barrier an d a Cathod e Corrosion Prevention System. 美国专利，2002—0 195 592. 2002-12-26 Structures for Anticorrosion，Synthetic Metals，2002，132：53-56.

[7] 覃文清，李凤. 材料表面涂层的防火阻燃技术. 北京：化学工业出版社，2004.

[8] Wang J G. Polyaniline Coatings：Anionic Membrane Nature and Bipolar.

[9] Posdorfer J，Wessling B. Corrosion Protection by the Organic Metal Polyaniline：Results of Immersion，Volta Potential an d Impedance Studies. Frosenius J Anal Chem，2000，367：343-345.

[10] 覃文清，戚天游. 在防火涂料中加入 LL 阻燃剂的热解反应. 化工学报，2004，55（3）：450-454.

国外防火玻璃产品性能及发展现状

刘 微[①]，葛欣国

（公安部四川消防研究所，四川成都，610036）

【摘 要】 本文较系统全面地阐述了不同类型防火玻璃产品的防火机理，并介绍了德国肖特（Schott）公司、英国皮尔金顿（Pilkington）公司的防火玻璃产品及分类，对它们各型号的单片、复合防火玻璃产品的防火性能、物理特性，诸如防火玻璃的厚度、透光性、重量等进行了较为详尽的介绍，通过对目前国内外市面上防火玻璃产品的种类、性能的分析比对，探讨了防火玻璃今后的发展趋势。

【关键词】 单片防火玻璃；复合防火玻璃；完整性；隔热性

A Review of Fire Resistant Glazing at abroad

Liu Wei， Lan Bin， Ge Xinguo

（Sichuan Fire Research Institute of ministry of Public Security， Chengdu 610036， China）

Abstract： In this paper， classification， properties and mechanism of fire resistant glazing have been introduced. Fire resistant glazing made by Schott in Germany， Glaverbel in Japan and Pilkington in UK has been also introduced here. In this paper， the fire resistant property and the physical properties， such as thickness， light transmission and weight of their monolithic fire resistant glazing and laminated fire resistant glazing have been listed and reviewed. Based on analyzing the type and properties of fire resistant glazing sold at home and abroad， its prospect has been also discussed here.

Key words： Fire resistant glazing， Integrity， Insulation

1 前 言

防火玻璃于 20 世纪 70 年代初首先出现于欧洲，属于建筑安全玻璃，又称之为特种玻璃，迄今为止，已有几十年的历史。随着本世纪的经济腾飞，人类的科技文明和物质文化生活水平得到了高速发展，世界各国对建筑住宅及公用建筑物的要求越来越高[1-2]。

---

① 刘微，材料学博士，助理研究员，主要从事防火材料的研究。E-mali：0024361_cn@sina.com；
通讯地址：四川省成都市金牛区金科南路 69 号公安部四川消防研究所（邮编：610036）；
项目来源：《新型复合防火耐热玻璃》（20118803Z），973 项目（2012CB719701）。

欧洲的英、法、德等国于 70～80 年代之间相继出台了《建筑设计防火规范》、《建筑物件防火性能测试方法和标准》及《高层民用建筑设计防火规范》等法规，这些法规举措的出台严格规范了防火玻璃产品的防火性能以及使用的安全性。目前建筑安全玻璃和防火隔热玻璃的市场需求在世界工业发达国家逐年呈上升态势[3~4]，从而大大促进了防火玻璃的生产应用步伐。

防火玻璃的主要生产国有：英国、法国、德国、日本、比利时、美国、俄罗斯、中国等。英国是世界防火玻璃研制生产应用最早的国家，英国皮尔金顿公司（Pilkington）也是欧洲最早研制生产防火玻璃的商家之一。该公司现有浇注法夹丝防火玻璃、复合型防火玻璃以及树脂夹层隔火安全玻璃三大防火玻璃系列产品[4]。德国是欧洲研制生产防火玻璃的发达国家之一，它的玻璃制造及玻璃加工商除了能生产复合型、夹金属丝网型及湿法灌浆型的防火玻璃外，最突出的还有 Schott 公司生产有硼硅酸盐透明钢化防火玻璃，此种玻璃具有良好的热稳定性和化学稳定性、机械性能和工艺性能好、优良的光学性能等特点。日本旭硝子公司（AGC）、日本板玻璃公司和桑田硝子公司生产的防火玻璃在世界名列前茅，尤其是以生产不夹入任何丝网的复合型防火玻璃闻名，此类玻璃主要是采用几层钢化处理的优质浮法玻璃和硅酸钠交替组成。美国康宁公司是世界上最早生产出锂铝硅透明微晶玻璃的国家，但由于制备技术的复杂性和工艺上的难度，成本一直较高，影响了该类玻璃的推广应用[5]。

我国防火玻璃行业从上世纪 80 年代中期起步，发展至 90 年代末，主要以灌浆型防火玻璃（湿法）和夹丝玻璃产品为主，行业集中度不高，近年来国内大部分厂家开始侧重于单片防火玻璃的生产（其中主要以铯钾类防火玻璃为主），复合防火玻璃的生产方面没有大的突破，市场仍被灌浆型防火玻璃和部分复合型防火玻璃产品占据，其中复合型（干法）防火玻璃由于工艺配方陈旧，导致夹层材料耐候性差，使产品在使用一段时间后透明性降低，产品应用受限，而灌浆型防火玻璃多以聚丙烯酰胺作为夹层材料，此类凝胶材料除自身具有易起泡、长期使用后会发黄甚至失透等缺点外，夹层中残留的丙烯酰胺单体还易在防火玻璃的制造和使用过程中对人体和环境造成伤害，因此国外虽有相关专利，但鲜有此类产品的生产和销售。纵观以上状况，相较于产品种类繁多的国外市场，我国防火玻璃行业长期处于发展缓慢的状态[7-8]。本综述分别将两家国外大型防火玻璃生产厂家肖特（Schott）、皮尔金顿（Pilkington）公司作为对象，对其防火玻璃产品的种类、性能进行了详细的介绍，希望通过对国外先进防火玻璃产品的了解，为今后我国防火玻璃的研发和生产提供有益的借鉴。

2 防火玻璃类型及其防火机理

2.1 单片防火玻璃（DFB）

单片防火玻璃是由单层玻璃构成，并满足相应耐火等级要求的特种玻璃。市场上常见产品有硼硅酸盐防火玻璃、铝硅酸盐防火玻璃、微晶防火玻璃、单片铯钾防火玻璃、低辐射镀膜防火玻璃。

2.1.1 单片铯钾防火玻璃

单片铯钾防火玻璃是目前国内市场上常见的单片防火玻璃,此种防火玻璃是借助化学方法在玻璃表面形成一种膨胀系数比中间层低的表面低膨胀层,冷却时膨胀系数较高的中间层对膨胀系数较低的表面层产生拉伸作用,使得两者收缩不一致,表面层被置于压应力之下,中间层则产生了补偿作用的拉应力,通过相互作用提高了玻璃的抗热应力性能。

2.1.2 硼硅酸盐防火玻璃

硼硅酸盐防火玻璃的化学组成为 SiO_2、B_2O_3、Al_2O_3、R_2O 等,它的热膨胀系数在 $0 \sim 300\,°C$ 时为($3 \sim 40$)$\times 10^{-7}/\,°C$,耐火极限在 $60 \sim 120\,min$,因此可达到 BS6206 A 级安全等级,在德国和欧洲各国的建筑中被广泛地应用,可以用于民用及商业建筑物的立面、隔断墙、窗户及防火门等。

2.1.3 铝硅酸盐防火玻璃

铝硅酸盐防火玻璃的化学组成为 SiO_2、B_2O_3、Al_2O_3、R_2O、CaO、MgO 等,此类防火玻璃主要特征是 Al_2O_3 含量高,碱含量低,该玻璃软化点在 $900 \sim 920\,°C$ 之间,热膨胀系数在 $25 \sim 300\,°C$ 为 $36 \times 10^{-7}/\,°C$,耐火极限在 $80\,min$ 以上,甚至放到火焰上加热不会炸裂或变形,可直接用作防火玻璃。

2.1.4 微晶防火玻璃

微晶防火玻璃在玻璃生产原料中加入一定量的 Li_2O、TiO_2、ZrO_2 等晶核剂,待熔化后再进行热处理的防火玻璃,该玻璃具有极低的膨胀系数,为 $0 \pm 5 \times 10^{-7}/\,°C$ 以内,理论上可以是零膨胀,由于热膨胀系数小,该玻璃对加热过程中所出现的温差并不十分敏感,软化点温度达 $900\,°C$,耐火极限可达到 $240\,min$,是一种极为理想的防火玻璃。

2.2 复合防火玻璃(FFB)

复合防火玻璃是由两层或两层以上玻璃复合而成或由一层玻璃和有机材料复合而成,并满足相应耐火等级要求的特种玻璃,主要有复合型防火玻璃、灌注型防火玻璃、夹丝防火玻璃、中空防火玻璃。

2.2.1 复合型防火玻璃(干法/夹层法)

复合型防火玻璃是在两层或多层玻璃上附一层或多层水溶性无机防火胶夹层,经固化、干燥,复合而成,成品可磨边、打孔、改尺寸切割,适用于房间、走廊、通道的防火门窗及防火分区和重要部位防火隔断墙。无机防火夹层多选择硅酸钠水玻璃或锂、钾硅酸盐水玻璃的混合物，在火灾时会发泡膨胀，形成坚硬的乳白色泡状防火胶板，从而有效阻断火焰、隔绝高温和有害气体。

2.2.2 灌注型防火玻璃（灌浆法）

灌注型防火玻璃是将两层（或三层）玻璃原片的四周以特制阻燃胶条密封，中间灌注防火胶液，经固化后形成透明胶冻状，并与玻璃黏接。灌浆法制备的防火玻璃可加工成弧形，且隔音效果极佳，适用于防火门窗、建筑天井、中庭、共享空间、计算机机房防火分区隔断墙。

3 国外防火玻璃产品类型及性能

3.1 肖特公司[9]

肖特（Schott）公司拥有 125 年的玻璃制造史，目前生产的防火玻璃有两类，分别是单片防火玻璃 PYRAN®系列和复合型防火玻璃 PYRANOVA®。Schott 公司防火玻璃产品类别及防火性能见表 1。

表 1 Schott 公司防火玻璃的产品类别及防火性能

	E 级的防火玻璃	EW 级的防火玻璃	EI 级的防火玻璃	EI 级防火玻璃（据 EN 13501-2，EN 356 和 EN 1063 还可提供抗攻击性和防弹保护）
防火玻璃性能图示				
满足此性能的防火玻璃产品型号	PYRAN® S 1） ISO PYRAN® S 2） PYRAN® white PYRAN® G PYRAN®Platinum	PYRAN® 3） PYRANOVA® 4）	PYRANOVA® 5） ISO PYRANOVA®	PYRANOVA® secure
防火玻璃结构				

注：根据标准 EN 13501-2，可结合数字和字母对防火玻璃进行分类。E：表示在火，热和烟雾中保证玻璃的完整性；
EW：保证玻璃在火，热气和烟雾中完整性的同时还具有抗热辐射性；EI：保证玻璃在火，热和烟雾中完整性的同时还可提供额外的隔热保护。

3.1.1 PYRAN®系列

PYRAN®系列有 PYRAN® S, PYRAN® white, PYRAN® G 和 PYRAN® Platinum 产品，都属于单片浮法硼硅玻璃，此类玻璃在火灾时能阻止火焰、热气及烟雾的蔓延，即使在高温下仍具透明性，方便现场人员疏散。PYRAN®系列防火玻璃可适用于对安全性要求高，同时还需保持高设计感的场合（见图 1，图 2），如外墙、隔墙、采光天窗、门、屋顶、隔烟幕墙、电梯玻璃门和电梯玻璃等。它们作为防火玻璃都除了都可满足标准 EN 13024-1 的 E 30，E 60，E 90 和 E 120 防火需求以外，还具备一些附加功能，PYRAN®系列防火玻璃的具体型号及性能见下：

PYRAN® S：根据 Z-70.4-174 等德国标准，PYRAN® S 为通过认证的建筑材料。它可在无需进行热浸泡测试（the Heat Soak Test）的前提下作为单片玻璃或是中空玻璃使用。PYRAN® S 是一种可满足各项安全性能需求的单片玻璃（发生破裂时属于典型的钢化玻璃破裂形态，如小碎片），对温差、UV、腐蚀性试剂以及外界环境有较好的适应性，适用于户外场合；

PYRAN® white：据 Z-70.4-174 等德国标准，PYRAN® white 为通过认证的建筑材料。由于属于热退火的单片硼硅玻璃，PYRAN® white 可承受更大的温差，同时具有优异的透光性能（其透光率甚至高于某些钠钙浮法玻璃）。它适用于任何防火级别需达到 E30 要求的场合，也可作为单片和中空防火玻璃使用；

PYRAN® G：PYRAN® G 为未通过认证的建筑材料，需通过单独的建筑审批后方可使用。它在制备时呈现圆柱形，可作曲面的防火玻璃使用，同时具有优异的透光性能，结合钢制框架时可满足 E 30 级防火要求；

PYRAN® Platinum：PYRAN® Platinum 是首个满足防火功能的浮法玻璃陶瓷，此类防火玻璃没有热膨胀，在高温下可承受热冲击，满足最高的美国标准（要求房屋燃烧时玻璃在高温下可承受高压冷水冲击）。玻璃为不带黄的中性色，制备过程环保，不使用锑、砷等重金属。PYRAN® Platinum 做防火窗时耐火时间可达 90 min，作为防火门时耐火时间可达 180 min。

图 1 慕尼黑弗劳恩霍夫豪斯（PYRAN® G）　　　图 2 慕尼黑宝马世界

3.1.2 PYRANOVA®

PYRANOVA®产品是具有透光性的多层复合防火玻璃,结构中有数层浮法玻璃和防火夹层,透明防火层在火灾燃烧中发泡,生成具有有防火、防烟及隔离热辐射功能的膨胀耐火夹层。它作为防火玻璃时可满足 EI 15 ~ EI 120 或 EW 30 ~ EW 60 的防火要求;作为防火屏障时可满足 T 30 ~ T 90 的防火需求,其隔热性能(EI)能保证火灾时玻璃背火面的平均温升不超过 140 ℃,单点温升不超过 180 ℃。该产品的耐火时间随玻璃厚度变化而变化,具体产品参数见表 2。同时根据不同建筑要求,此 PYRANOVA®还衍生出了适合外部环境使用的防火玻璃产品,如 ISO PYRANOVA®, PYRANOVA® secure 等。

表 2　PYRANOVA®防火玻璃产品性能

种　　类	防火级别 [EN 13501-2]	厚度[mm]	重量[Kg/m²]	透光率[%]	隔音 Rw 值[dB]
PYRANOVA® EW	EW30	7	17	89	33
PYRANOVA® EW	EI 15/EW 30	11	26	87	36
PYRANOVA®30	EI 30	15	35	86	38
PYRANOVA®45	EI 45	19	44	85	38
PYRANOVA®60	EI 60	23	55	87	41
PYRANOVA®90	EI 90	37	86	84	44
PYRANOVA®120	EI 120	52	106	74	42

注:EI 和 EW 后的数字分别表示耐火完整性或耐火隔热性的时间。

PYRANOVA®产品适用于对火灾中隔热性能要求较高的场所(见图 3,图 4),如门、外墙、内部隔墙以及在逃生路径和楼梯间中的使用。

图 3 PYRANOVA®玻璃作为防火门

图 4 PYRANOVA®玻璃与木制框架结合

防火玻璃需与相应的玻璃框架配合使用才能得到更加可靠的安全性能，Schott 公司还对不同防火玻璃所适用的框架系统进行了归纳分类，具体见表 3。

表 3　防火玻璃框架系统

防火级别	窗框材料/系统					
	钢制	木制	铝制	石膏板构造	对接	固定点
E 30	√	√		√	√	√
E 60	√	√			√	
E 90	√			√		
E 120	√					
EI 30	√	√		√	√	
EI 60	√	√	√		√	
EI 90	√	√				
EI 120	√					

3.2　皮尔金顿公司[10]

皮尔金顿（Pilkington）公司的防火玻璃产品有 Pyrostop™，Pyrodur™和 Pyroshield™ 三类。Pyrostop™和 Pyrodur™都由数层浮法玻璃和膨胀夹层复合而成，火灾时迎火面玻璃原位破裂，透明夹层受热发泡膨胀形成坚硬、不透明的防火层，防火层具有一定的弹性和韧性，阻止了火势、烟雾蔓延和热量传递。Pyrostop™和 Pyrodur™ 系列防火玻璃都具有耐火完整性和一定的隔热性，但 Pyrostop™的隔热性能优于 Pyrodur™。Pyroshield ™产品属于夹丝玻璃，火灾时玻璃原位破碎，碎片附着于丝网上，具有一定的安全性，但无隔热功能。

3.2.1　Pyrostop™

Pyrostop™系列防火玻璃同时具有耐火完整性和隔热性（见图 5），是最早满足欧洲火灾和冲击试验标准的防火玻璃之一。玻璃厚度根据防火需求不同可在 15 ~ 62 mm 之间调整，隔热性能可达 120 min，某些产品的耐火时间甚至可达 180 min，能承受油田的烃类火灾测试。为提高产品的透光性能，Pyrostop™选用高透光的 Optiwhite™作为原材料。该防火玻璃产品可与水喷淋系统配合使用，适用于多数窗框系统（如钢制窗框、硬木制窗框）。产品抗冲击性能（BS 6206）达到 A 级，并具有隔音功能。

图 5　用于 Milton Keynes 仲夏大道上的 Pyrostop™型防火玻璃

3.2.2　Pyrodur™

Pyrodur™系列防火玻璃具有耐火完整性和部分隔热性能（见图 6），也可满足欧洲火灾和冲击试验标准。它的厚度一般为 10 mm 和 13 mm，含有两个防火夹层和一个抗冲击夹层，耐火完整性可达 60 min。其中的 Pyrodur™ Plus 产品厚度可降至 7 mm，耐火完整性达到 30 min，隔热性≥15 min，其轻便的外形使之成为室内使用玻璃（防火门如隔墙）的首选。Pyrodur™系列的防火机理与 Pyrostop™相似，但玻璃间防火夹层含量较少。该产品适用于对隔热要求不高的户内和户外场合，抗冲击性能（BS 6206）达到 B 级。

图 6　用于 Harbour 酒店的 Pyrodur™ Plus 防火玻璃

3.2.3 Pyroshield™

Pyroshield™防火玻璃具有耐火完整性，无隔热性能，是目前被最广泛应用的单片夹丝防火玻璃产品（见图7）。它具有耐火时间长、轻便、价格低等优点，耐火完整性在使用钢制框、硬木框时可分别达到 120 min 和 60 min，抗冲击性能（BS 6206）达到 C 级。

图7 用于 Mary's & St Thomas 教堂、英格兰学校的 PyroShield™Safety 系列防火玻璃

4 结束语

（1）国外防火玻璃制造公司在研发轻便、高耐候性单片特种防火玻璃的同时，也未放弃过对外形厚重但隔热性优异的复合防火玻璃产品的生产，老牌英国玻璃制造公司皮尔金顿甚至将大量工作放在复合防火玻璃的研发和生产上，并主要销售此类产品。这些都说明了隔热型复合防火玻璃在建筑防火安全中的重要性。复合防火玻璃虽然隔热性能优异，但外形厚重、价格偏高、耐候性低的特点都阻止了此类防火玻璃的大规模推广应用。根据专利显示，国外复合防火玻璃的研究主要集中在提高夹层耐火隔热效率和改善夹层耐候性两方面。

（2）Schott 公司是目前世界上唯一成熟掌握硼硅酸盐浮法玻璃技术的厂家，其生产的硼硅酸盐透明钢化防火玻璃具有良好的热稳定性和化学稳定性、机械性能和工艺性能好、光学性能优良等特点，同时它的复合玻璃 PYRANOVA®系列除能满足 EI 15～ EI 120 的防火性能外，ISO PYRANOVA®，PYRANOVA® secure 产品还将防火隔热性能与抗人为冲击性能、防弹性能相结合，生产了一系列多功能防火玻璃。Pilkington 公司的防火玻璃产品为非隔热型夹丝单片玻璃和隔热型复合玻璃，同时为满足市场需要，通过改变防火夹层厚度的方式又将隔热型防火玻璃细分为 Pyrostop™完全隔热型和 Pyrodur™ 两种，使用时可以采用不同型号防火玻璃搭配的形式达到更好的防火效果。

（3）国内防火玻璃的正规生产企业约已有 140 多家，生产灌浆、复合防火玻璃的厂家仅有 40 余家。国内生产企业应将研发重点更多的转移到生产耐候性高、轻便、原料经济、环保和防火安全级别更高的复合防火玻璃产品上来；还可尝试将防火玻璃多功能化，进一步拓展此种安全玻璃的使用领域；在后期使用上可通过不同类型防火玻璃的搭配使用满足更高的防火需求。而单片玻璃方面，可进行高性能硼硅酸盐及陶瓷防火玻璃的研发。

参考文献

[1] 王志辉，曹德生，刘迎利.防火玻璃发展概况及新产品展望[J].河南建材，2008，（1）：20-22.

[2] 李引擎，宋丽，王安春.防火分隔与防火玻璃[J].建筑玻璃与工业玻璃，2010，（6）：15-19.

[3] 刘微，葛欣国.防火玻璃生产工艺的研究现状[J].玻璃，2012，39（11）：37-41.

[4] 徐美君.现代建材史上最人文的技术—世界防火玻璃扫描[J].国外建材科技，2003，（4）：33.

[5] 胡志鹏.浅谈防火玻璃[J].全国性建材科技期刊—《玻璃》，2008，（10）：36-44.

[6] 张长水，杨参.薄型防火玻璃透明夹层凝胶体的研究[J].新型建筑材料.2007，（9）：62-65.

[7] 韩伟平，吴颖捷，赵壁.多元复合阻燃剂应用于防火玻璃夹层凝胶[J].消防科学与技术，2009，（6）：440-443.

[8] 王锦贵，王希光，郭祥旭.浅谈几种常用的防火材料[J].技术研究，2010，17（5）：21-23.

[9] Schott 公司防火玻璃产品说明书，http：//www.schott.com/architecture/english/download/procuctbrochure_frg_row_web.pdf.

[10] Pilkington 公司防火玻璃产品说明书，http：//www.pilkington.com/assetmanager_ws/fileserver.aspx?cmd=get_file&ref=1314.

附 录 一

中国国家认证认可监督管理委员会公告

国家认监委关于发布消防产品强制性认证实施规则的公告
（国家认监委 2014 年第 15 号）

根据《中华人民共和国消防法》、《中华人民共和国认证认可条例》、《强制性产品认证管理规定》、《消防产品监督管理规定》，国家认监委制定了《强制性产品认证实施规则 火灾报警产品》、《强制性产品认证实施规则 火灾防护产品》、《强制性产品认证实施规则 灭火设备产品》、《强制性产品认证实施规则 消防装备产品》（详见附件），现予发布。

上述 4 份强制性产品认证实施规则自 2014 年 9 月 1 日起实施，国家认监委 2011 年第 11 号公告发布的消防产品类强制性认证实施规则同时废止。为配合强制性产品认证实施规则有效实施，各相关指定认证机构应按照实施规则要求制定相应的认证实施细则，在我委认证监管部备案后开展相关认证活动。

附件：

1.《强制性产品认证实施规则 火灾报警产品》（编号：CNCA-C18-01：2014）
2.《强制性产品认证实施规则 火灾防护产品》（编号：CNCA-C18-02：2014）
3.《强制性产品认证实施规则 灭火设备产品》（编号：CNCA-C18-03：2014）
4.《强制性产品认证实施规则 消防装备产品》（编号：CNCA-C18-04：2014）
（附件请从国家认监委网站获取）

国家认监委

2014 年 5 月 30 日

编号：CNCA-C18-02：2014

强制性产品认证实施规则

火灾防护产品

2014-05-30 发布   2014-09-01 实施

中国国家认证认可监督管理委员会发布

目　录

0 引 言

本规则遵循法律法规对消防产品市场准入的基本要求，基于火灾防护产品的安全风险和认证风险制定，规定了火灾防护产品实施强制性产品认证的基本原则和要求。

本规则与国家认监委发布的《强制性产品认证实施规则 生产企业分类管理、认证模式选择与确定》《强制性产品认证实施规则 生产企业检测资源及其他认证结果的利用》、《强制性产品认证实施规则 工厂检查通用要求》等通用实施规则配套使用。

认证机构应依据通用实施规则和本规则要求编制认证实施细则，并配套通用实施规则和本规则共同实施。生产企业应确保所生产的获证产品能够持续符合认证及适用标准要求。

1 适用范围

本规则适用于火灾防护产品，包括以下产品种类：防火涂料、防火封堵材料、耐火电缆槽盒、防火窗、防火门、防火玻璃、防火卷帘、防火排烟阀门、消防排烟风机、挡烟垂壁。

2 认证依据标准

认证依据标准见附件《火灾防护产品强制性认证单元划分及认证依据标准》。

上述标准原则上应执行国家标准化行政主管部门发布的最新版本。当需使用标准的其他版本时，则应按国家认监委发布的适用相关标准要求的公告执行。

3 认证模式

实施火灾防护产品强制性认证的基本认证模式为：

企业质量保证能力和产品一致性检查 +型式试验 +获证后使用领域抽样检测或者检查

认证机构应按照《强制性产品认证实施规则 生产企业分类管理、认证模式选择与确定》的要求，对生产企业实施分类管理，并结合分类管理结果在基本认证模式的基础上酌情增加获证后的跟踪检查、获证后生产现场抽取样品检测或者检查等相关要素，以确定认证委托人所能适用的认证模式。

4 认证单元划分

原则上，同一生产者（制造商）、同一生产企业（工厂）、同一类别、同一主要材料、同一结构、同一形式为同一个认证单元。

认证委托人依据单元划分原则提出认证委托。

认证单元划分见附件《火灾防护产品强制性认证单元划分及认证依据标准》。

5 认证委托

5.1 认证委托的提出和受理

认证委托人需以适当的方式向认证机构提出认证委托，认证机构应对认证委托进行处理，并按照认证实施细则中的时限要求反馈受理或不予受理的信息。

不符合国家法律法规及相关产业政策要求时，认证机构不得受理相关认证委托。

5.2 申请资料

认证机构应根据法律法规、标准及认证实施的需要在认证实施细则中明确申请资料清单（应至少包括认证申请书或合同、认证委托人/生产者/生产企业的注册证明等）。

认证委托人应按照认证实施细则中申请资料清单的要求提供所需资料。认证机构负责审核、管理、保存、保密有关资料，并将资料审核结果告知认证委托人。

5.3 实施安排

认证机构应与认证委托人约定双方在认证实施各环节中的相关责任和安排，并根据生产企业实际和分类管理情况，按照本规则及认证实施细则的要求，确定认证实施的具体方案并告知认证委托人。

6 认证实施

6.1 企业质量保证能力和产品一致性检查（初始工厂检查）

认证机构受理认证委托并确定认证方案后，方可进行企业质量保证能力和产品一致性检查。

6.1.1 基本原则

认证机构应在认证实施细则中明确生产者/生产企业质量保证能力和产品一致性控制的基本要求。

认证委托人和生产者/生产企业应按照基本要求的相关规定，建立实施有效保持企业质量保证能力和产品一致性控制的体系，保持火灾防护产品的生产条件，保证产品质量、标志、标识持续符合相关法律法规和标准要求，确保认证产品持续满足认证要求。

生产者/生产企业应当建立产品生产、销售流向登记制度，如实记录产品名称、批次、规格、数量、销售去向等内容。认证机构应对生产者/生产企业质量保证能力和产品一致性控制情况进行符合性检查。对于已获认证的生产者/生产企业,认证机构可对企业质量保证能力和产品一致性检查的时机和内容进行适当调整,并在认证实施细则中明确。

6.1.2　企业质量保证能力检查要求

认证机构应当委派具有国家注册资格的强制性产品认证检查员组成检查组,按照《消防产品工厂检查通用要求》(GA 1035)和认证实施细则的有关要求对生产者/生产企业进行质量保证能力检查。

检查应覆盖所有认证单元涉及的生产企业。必要时,认证机构可到生产企业以外的场所实施延伸检查。

6.1.3　产品一致性检查要求

认证机构在经生产者/生产企业确认合格的产品中,随机抽取认证委托产品按照《消防产品一致性检查要求》(GA 1061)和认证实施细则的有关要求进行产品一致性检查。

6.1.4　生产现场抽取样品要求

需在生产现场抽取样品的,按照6.2.1条款实施。

6.2　型式试验

指定实验室应与认证委托人签订型式试验合同,包括型式试验的全部样品要求和数量、检测标准项目等。

6.2.1　型式试验样品要求

认证机构应依据生产企业分类管理情况,在认证实施细则中明确单元或单元组合抽样/送样的具体要求。认证机构在完成对生产者/生产企业的质量保证能力和产品一致性检查且检查结论为通过后,在生产者/生产企业现场生产并确认合格的产品中,抽取型式试验样品。对于已获认证的生产者/生产企业,型式试验的样品可采取现场抽样方式获得,也可由认证委托人按照上述要求送样。

认证委托人应保证其所提供的样品与实际生产产品的一致性。认证机构和/或实验室应对认证委托人提供样品的真实性进行审查。实验室对样品真实性有疑义的,应当向认证机构说明情况,并做出相应处理。

6.2.2　型式试验项目及要求

火灾防护产品型式试验项目应为认证依据标准规定的项目。

6.2.3　型式试验的实施

型式试验应在国家认监委指定的实验室完成。实验室对样品进行型式试验,并对检测全过程做出完整记录并归档留存，以保证检测过程和结果的记录具有可追溯性。

6.2.4 型式试验报告

认证机构应规定统一的型式试验报告格式。

型式试验结束后，实验室应及时向认证机构、认证委托人出具型式试验报告。试验报告应包含对申请单元内所有产品与认证相关信息的描述。认证委托人应确保在获证后监督时能够向认证机构和执法机构提供完整有效的型式试验报告。

6.3 认证评价与决定

认证机构对企业质量保证能力和产品一致性检查、型式试验的结论和有关资料/信息进行综合评价，做出认证决定。对符合认证要求的，颁发认证证书；对存在不合格结论的，认证机构不予批准认证委托，认证终止。

6.4 认证时限

认证机构应对认证各环节的时限做出明确规定，并确保相关工作按时限要求完成。认证委托人须对认证活动予以积极配合。一般情况下，自受理认证委托起 90 天内向认证委托人出具认证证书。认证依据标准对检测项目及所需时间有特殊要求的，认证机构应在认证实施细则中明确产品检测时限。

7 获证后监督

获证后监督是指认证机构对获证产品及其生产者/生产企业实施的监督。火灾防护产品获证后监督采取获证后使用领域抽样检测或者检查的方式实施。

认证机构也可结合获证生产企业分类管理和实际情况，增加获证后的跟踪检查、获证后生产现场抽取样品检测或者检查的方式实施获证后监督，具体要求应在认证实施细则中明确。

7.1 获证后使用领域抽样检测或者检查

7.1.1 原 则

获证后使用领域抽样检测或者检查应按一定比例覆盖获证产品。采取获证后使用领域抽样检测或者检查实施获证后监督的，认证委托人、生产者、生产企业应予以配合并确认从使用领域抽取的样品。

7.1.2 内 容

获证后使用领域抽样检测：按照认证依据标准及认证实施细则的要求，在使用领域抽样后，由指定实验室实施的检测。

获证后使用领域抽样检查：按照《消防产品现场检查判定规则》(GA588)、《消防产品一致性检查要求》（GA 1061）及认证实施细则的要求，由认证机构在使用领域对火灾防护产品实施的检查。

认证机构应在认证实施细则中明确获证后使用领域抽样检测或者检查的内容、要求及特殊情况下的处理办法。

7.2 获证后的跟踪检查

7.2.1 原 则

认证机构应在生产企业分类管理的基础上，对获证产品及其生产者/生产企业实施有效的跟踪检查，以验证生产者/生产企业的质量保证能力持续符合认证要求、确保获证产品持续符合标准要求并保持与型式试验样品的一致性。

获证后的跟踪检查应在生产者/生产企业正常生产时，优先选用不预先通知被检查方的方式进行。对于非连续生产的产品，认证委托人应向认证机构提交相关生产计划，便于获证后的跟踪检查有效开展。

采取获证后的跟踪检查方式实施获证后监督的，认证委托人、生产者、生产企业应予以配合。

7.2.2 内 容

认证机构应按照《强制性产品认证实施规则 工厂质量保证能力要求》、《消防产品工厂检查通用要求》（GA 1035）、《消防产品一致性检查要求》（GA 1061），在认证实施细则中明确获证后的跟踪检查的内容、要求及特殊情况下的处理办法。

7.3 获证后生产现场领域抽样检测或者检查

7.3.1 原 则

获证后生产现场抽取样品检测或者检查应覆盖认证产品单元。采取获证后生产现场抽取样品检测或者检查方式实施获证后监督的，认证委托人、生产者、生产企业应予以配合。

7.3.2 内 容

获证后生产现场抽取样品检测：按照认证依据标准的要求，在生产现场抽取样品后，由指定实验室实施的检测。如生产企业具备《强制性产品认证实施规则 生产企业检测资源及其他认证结果的利用要求》和认证依据标准要求的检测条件，认证机构可利用生产企业检测资源实施检测（或目击检测），并承认相关结果；如生产企业不具备上述检测条件，应将样品送指定实验室检测。认证机构应在认证实施细则中明确利用生产企业检测资源实施检测的具体要求及程序。

获证后生产现场抽取样品检查：按照《消防产品一致性检查要求》（GA 1061）及认证实施细则的要求，由认证机构在生产现场对火灾防护产品实施的检查。

认证机构应在认证实施细则中明确获证后生产现场抽取样品检测或者检查的内容、要求及特殊情况下的处理办法。

7.4 获证后监督频次和时间

认证机构应在生产企业分类管理的基础上，对不同类别的生产企业采取不同的获证后监督频次，合理确定监督时间，具体原则应在认证实施细则中予以明确。

7.5 获证后监督的记录

认证机构应当对获证后监督全过程予以记录并归档留存，以保证认证过程和结果具有可追溯性。

7.6 获证后监督结果的评价

认证机构对抽取样品检测/检查结论和有关资料/信息进行综合评价。评价通过的，可继续保持认证证书、使用认证标志；评价不通过的，认证机构应当根据相应情形做出注销/暂停/撤销认证证书的处理，并予公布。

8 认证证书

8.1 认证证书有效期

本规则覆盖产品认证证书的有效期为 5 年。有效期内，认证证书的有效性依赖认证机构的获证后监督获得保持。

认证证书有效期届满，需要延续使用的，认证委托人应当在认证证书有效期届满前90 天内提出认证委托。证书有效期内最后一次获证后监督结果合格的，认证机构应在接到认证委托后直接换发新证书。

8.2 认证证书内容

认证证书内容应符合《强制性产品认证管理规定》第二十一条的要求。

8.3 认证证书的变更/扩展

获证后，当涉及认证证书、产品特性或认证机构规定的其他事项发生变更时，或认证委托人需要扩展已经获得的认证证书覆盖的产品范围时，认证委托人应向认证机构提出变更/扩展委托，变更/扩展经认证机构批准后方可实施。

认证机构应在控制风险的前提下，在认证实施细则中明确变更/扩展要求，并对变更/扩展内容进行文件审查、检测和/或检查（适用时），评价通过后方可批准变更/扩展。

8.4 认证证书的注销、暂停和撤销

认证证书的注销、暂停和撤销，依据《强制性产品认证管理规定》和《强制性产品认证证书注销、暂停、撤销实施规则》及认证机构的有关规定执行。认证机构应确定不符合认证要求的产品类别和范围，并采取适当方式对外公告被注销、暂停和撤销的认证证书。

8.5 认证证书的使用

认证证书的使用应符合《强制性产品认证管理规定》的要求。

9 认证标志

认证标志的管理、使用应符合《强制性产品认证标志管理办法》的要求。

9.1 标志式样

获得认证的火灾防护产品应使用消防类（F）认证标志，式样如下：

9.2 使用要求

认证标志一般应加施于产品明显位置，认证机构应在认证实施细则中明确具体要求。

10 收费

认证收费项目由认证机构和实验室按照国家关于强制性产品认证收费标准的规定收取。认证机构应按照国家关于强制性产品认证收费标准中初始工厂检查、获证后监督复查收费人日数标准的规定，合理确定具体的收费人日数。

11 认证责任

认证机构应对认证结论负责。实验室应对检测结果和检验报告负责。认证机构及其委派的工厂检查员应对工厂检查结论负责。认证委托人应对其提交的资料及样品的真实性、合法性负责。

12 认证实施细则

认证机构应依据本实施规则的原则和要求，制定科学、合理、可操作的认证实施细则。认证实施细则应在向国家认监委备案后对外公布实施。认证实施细则应至少包括以下内容：

（1）认证流程及时限要求；

（2）认证模式的选择及相关要求；

（3）生产企业分类管理要求；

（4）认证委托资料及相关要求；

（5）企业质量保证能力和产品一致性检查要求；

（6）型式试验要求；

（7）获证后监督要求；

（8）利用生产企业检测资源实施检测要求；

（9）认证变更（含标准换版）/扩展要求；

（10）特殊情况下的认证要求；

（11）CCC 标志使用要求；

（12）收费依据及相关要求；

（13）与技术争议、申诉相关的流程及时限要求。

附件

火灾防护产品强制性认证单元划分及认证依据标准

序号	产品类别		单元划分原则	认证依据标准
1	防火涂料	饰面型防火涂料	主要材料、工艺、用途不同不能作为一个认证单元	GB 12441
		钢结构防火涂料	主要材料、工艺、用途不同不能作为一个认证单元	GB 14907
		电缆防火涂料	主要材料、工艺、用途不同不能作为一个认证单元	GB 28374
		混凝土结构防火涂料	主要材料、工艺、用途不同不能作为一个认证单元	GB 28375
2	防火封堵材料	防火封堵材料	主要材料、工艺、用途、安装位置不同不能作为一个认证单元	GB 23864
		防火膨胀密封件	材质、类别、规格、结构、主要材料、工艺不同不能作为一个认证单元	GB 16807
		塑料管道阻火圈	主要材料、工艺、用途、规格、安装方向、安装方式不同不能作为一个认证单元	GA 304
3	耐火电缆槽盒		材质、规格、结构不同不能作为一个认证单元	GB 29415
4	防火窗	钢质隔热防火窗	材质、耐火等级、结构形式、密封材料种类和设置位置不同不能作为一个认证单元	GB 16809
		木质隔热防火窗		
		钢木复合隔热防火窗		
		其他材质隔热防火窗		
5	防火门	钢质隔热防火门	1）材质、耐火等级、结构形式不同不能作为一个认证单元； 2）内填充工艺不同不能作为一个认证单元	GB 12955
		木质隔热防火门		
		钢木质隔热防火门		
		其他材质隔热防火门		
		防火锁	结构、安装形式、使用寿命、材质、规格型号不同不能作为一个认证单元	
		防火门闭门器	结构、安装形式、使用寿命、材质、规格型号不同不能作为一个认证单元	GA 93

序号		产品类别	单元划分原则	认证依据标准
6	防火玻璃	隔热型防火玻璃	结构、材质、耐火等级不同不能作为一个认证单元	GB 15763.1
		防火玻璃非承重隔墙	材质、耐火等级、结构形式、密封材料种类和设置位置不同不能作为一个认证单元	GA 97
7	防火卷帘	钢质防火卷帘	1）耐风压强度、帘面数量、启闭方式、耐火性能、材质、型号、结构形式不同不能作为一个认证单元； 2）制造、装配工艺不同不能作为一个认证单元	GB 14102
		钢质防火、防烟卷帘		
		特级防火卷帘		
		防火卷帘用卷门机	1）额定输出转矩、工作电源相数、电机功率、结构不同不能作为一个认证单元； 2）端板附件不同不能作为一个认证单元	GA 603
8	防排烟阀门	防火阀	材质、控制方式、功能、规格型号、结构不同不能作为一个认证单元	GB 15930
		排烟防火阀		
		排烟阀		
9		消防排烟风机	规格型号、材质、结构、输送介质温度不同不能作为一个认证单元	GA 211
10		挡烟垂壁	规格型号、安装方式、材质、结构不同不能作为一个认证单元	GA 533

附录二

中国国家认证认可监督管理委员会公告

**国家认监委关于更新发布强制性产品认证指定认证机构和实验室汇总名录及
业务范围的公告**

（国家认监委 2014 年第 26 号）

为确保强制性产品认证工作有效实施，方便认证委托人办理认证，同时结合近期我委对强制性产品认证实施机构和实施规则类文件的调整，现将更新后的强制性产品认证指定认证机构和实验室汇总名录及业务范围予以发布，详见附件。国家认监委 2013 年第 13 号公告同时废止。

附件：

1. 强制性产品认证指定认证机构名录及业务范围
2. 强制性产品认证指定实验室名录及业务范围

国家认监委
2014 年 8 月 26 日

附件 1

强制性产品认证指定认证机构名录及业务范围

序号	认证机构编号	认证机构名称	指定业务范围	地址及联系方式
6	08	公安部消防产品合格评定中心	CNCA-C11-01/A1：汽车（消防车） CNCA-C18-01：火灾报警产品 CNCA-C18-02：火灾防护产品 CNCA-C18-03：灭火设备产品 CNCA-C18-04：消防装备产品	北京市崇文区永外西革新里甲 108 号联系人：胡群明 电话：010-67274320 传真：010-8 7278660 E-mail：cccf@263.net 网址：www.cccf.net.cn 邮编：100077

附件 2

强制性产品认证指定实验室名录及业务范围

序号	实验室编号	实验室名称	指定业务范围	实验室地址及联系方式	法人名称
135	13101	国家防火建筑材料质量监督检验中心	CNCA-C18-02：火灾防护产品	四川省都江堰市都江村鱼嘴试验基地 联系人：程道彬 电话：028—87516751 传真：028—87516330 E-mail：cdbfire_119@126.com 网址：www.fire-testing.net 邮编：610036	公安部四川消防研究所

附录三

火灾防护产品强制性认证实施细则

1. 强制性产品认证实施细则

火灾防护产品

防火材料产品

编号：CCCF- HZFH-01（A/0）

2. 强制性产品认证实施细则

火灾防护产品

建筑耐火构件产品

编号：CCCF- HZFH-02（A/0）

3. 强制性产品认证实施细则

火灾防护产品

消防防烟排烟设备产品

编号：CCCF- HZFH-03（A/0）

下载地址：http：//www.cccf.net.cn（公安部消防产品合格评定中心）

打开网站后进入资料区\规则标准里即可获取。

崇实扬华　交通天下
Http://www.xnjdcbs.com

责任编辑　万　方
特邀编辑　张宝珠　徐前卫
封面设计　墨创 H.C CULTURE

《《火灾防护产品》》
强制性认证指南

ISBN 978-7-5643-3653-0

9 787564 336530 >

定价: 68.00元

中等职业学校数控技术应用专业改革发展创新系列教材

数控机床调试与维修基础

史广向 徐 海 主编

SHUKONG JICHUANG TIAOSHI YU WEIXIU JICHU

中国铁道出版社
CHINA RAILWAY PUBLISHING HOUSE